一流本科专业建设教材 · 艺术与科技

游戏概念设计

谢琦琦　张怡婷 | 编著

西南大学出版社
SWUP 国家一级出版社 全国百佳图书出版单位

图书在版编目（CIP）数据

游戏概念设计 / 谢琦琦, 张怡婷编著. -- 重庆：西南大学出版社, 2024.6
ISBN 978-7-5697-2360-1

Ⅰ. ①游… Ⅱ. ①谢… ②张… Ⅲ. ①游戏－软件设计－高等学校－教材 Ⅳ. ①TP311.5

中国国家版本馆CIP数据核字(2024)第091433号

一流本科专业建设教材 · 艺术与科技

游戏概念设计

YOUXI GAINIAN SHEJI

编　著　谢琦琦 张怡婷

总 策 划：龚明星　王玉菊
执行策划：鲁妍妍　戴永曦
责任编辑：鲁妍妍
责任校对：王玉菊
游戏案例：miHOYO
封面设计：闰江文化
排　　版：夏　洁
出版发行：西南大学出版社（原西南师范大学出版社）
地　　址：重庆市北碚区天生路2号
网上书店：https://xnsfdxcbs.tmall.com
印　　刷：重庆长虹印务有限公司
成品尺寸：210 mm × 285 mm
印　　张：8
字　　数：253千字
版　　次：2024年6月 第1版
印　　次：2024年6月 第1次印刷
书　　号：ISBN 978-7-5697-2360-1
定　　价：69.00元

本书如有印装质量问题，请与我社市场营销部联系更换。
市场营销部电话：（023）68868624　68253705

西南大学出版社美术分社欢迎赐稿。
美术分社电话：（023）68254657

前言

我们生活在一个经济全球化、文化多元化、信息交互高度便捷的数字时代，网络交互已成为人们实时进行沟通的重要平台。随着科技的进步和虚拟世界的不断拓展，未来将有越来越多的人投身于虚拟空间交互体验的创作之中，数字游戏将迎来新的发展机遇。本书正是在这样的时代需求下编写而成的。

对本书的学习，学生能够了解游戏概念设计的相关知识，掌握相关创作流程及方法；熟悉游戏氛围、角色、场景、界面等的构思方法及表现技巧。培养学生将虚拟空间创意文本转化为平面视觉系统的统筹能力，提高他们的审美和创新能力、沟通和解决问题的能力，拓展其跨学科思维表达能力、批判性思维能力，进而增强其数字化创作实践力、创新力、审美力。

本书是基于我对游戏概念设计相关课程的思考与实践的总结。游戏概念设计作为游戏艺术设计方向的主干课程，要掌握二维游戏美术设计的相关知识，首先要熟悉并精通图文思维的转换、美学原理的理解、创新设计的方法，以及数字技术的开发与运用等多个层面的基础理论。其次，通过持续而系统的设计训练提升游戏美术创作的能力。同时，还要进行反思，以帮助我们不断优化和完善自己的作品。再次，必须对基础美术知识，如素描、色彩理论、透视原理、视觉设计要素以及建筑设计原理等方面的知识进行学习和理解。这些看似与游戏概念设计并无直接相关性的知识，实则是提升我们整体素养和专业技能的关键。

本书旨在为热爱游戏并有志于游戏创作的人们提供参考，不仅适合动画、游戏等相关专业的学生学习，也适合游戏行业从业人员参考阅读，还对热爱游戏美术、有志于独立游戏开发的爱好者有所助益。

希望学生们在游戏概念设计创作的过程中，更多地关注游戏的精神内核及价值观引导。让我们为开发更多富有文化内涵和审美品位、极具教育意义的游戏而一同努力，以塑造正确的价值观、道德观，在满足人们基本需求的同时，助推中华优秀传统文化的传播。

课时计划

（建议 70 课时）

章	节	课时	
第一章 游戏概念设计概述	第一节 游戏概念设计的定义	2	10
	第二节 电子游戏与绿色设计	3	
	第三节 游戏概念设计的流程	5	
第二章 知识结构	第一节 造型基础	2	10
	第二节 透视基础	2	
	第三节 解剖基础	2	
	第四节 色彩设计	2	
	第五节 辅助知识	2	
第三章 游戏概念稿创作	第一节 游戏概念稿的创作目的	2	10
	第二节 游戏概念稿的视觉方案	2	
	第三节 游戏概念稿的形态指南	2	
	第四节 案例实践	4	
第四章 游戏角色概念设计	第一节 角色设计的功能	4	20
	第二节 角色设计的思路	6	
	第三节 角色道具设计	4	
	第四节 案例实践	6	
第五章 游戏场景概念设计	第一节 场景设计的功能	2	14
	第二节 场景设计的思路	4	
	第三节 场景设计流程	4	
	第四节 案例实践	4	
第六章 作品赏析	第一节 游戏概念设计作品欣赏	2	6
	第二节 学生作品欣赏	2	
	第三节 企业作品欣赏	2	
合计		70	

二维码数字资源目录

目录

CHAPTER 1

第一章

游戏概念设计概述

第一节　游戏概念设计的定义

游戏概念设计是指游戏世界观的视觉化综述，是用可视化图像元素去表述游戏世界观。它是游戏设计前期文案工作的延续和深入，是用图像来呈现文字描述的物质世界，也是整个游戏美术流程中决定中后期实施成本的一个环节（图 1-1）。这一工作由策划人员、艺术指导和设计师协作完成，其所涉及的内容涵盖了游戏中的角色、道具、物质空间等，甚至包括游戏界面（图 1-2）。

一、游戏概念设计的内容

游戏概念设计涵盖了氛围、角色、场景等方面。究其根本，它属于美术领域范畴，离不开绘画、视觉传达、工业、建筑、环艺等学科知识（图 1-3）。基于这些基础学科的交叉、融合，游戏美术的概念设计还需遵循完整的游戏主题、构架、关卡任务等展开。其核心内容是根据游戏策划文案创造一系列可信的、符合逻辑的、相互联系的视觉方案，这一系列视觉方案必须是玩家脱离文字信息后也能直观

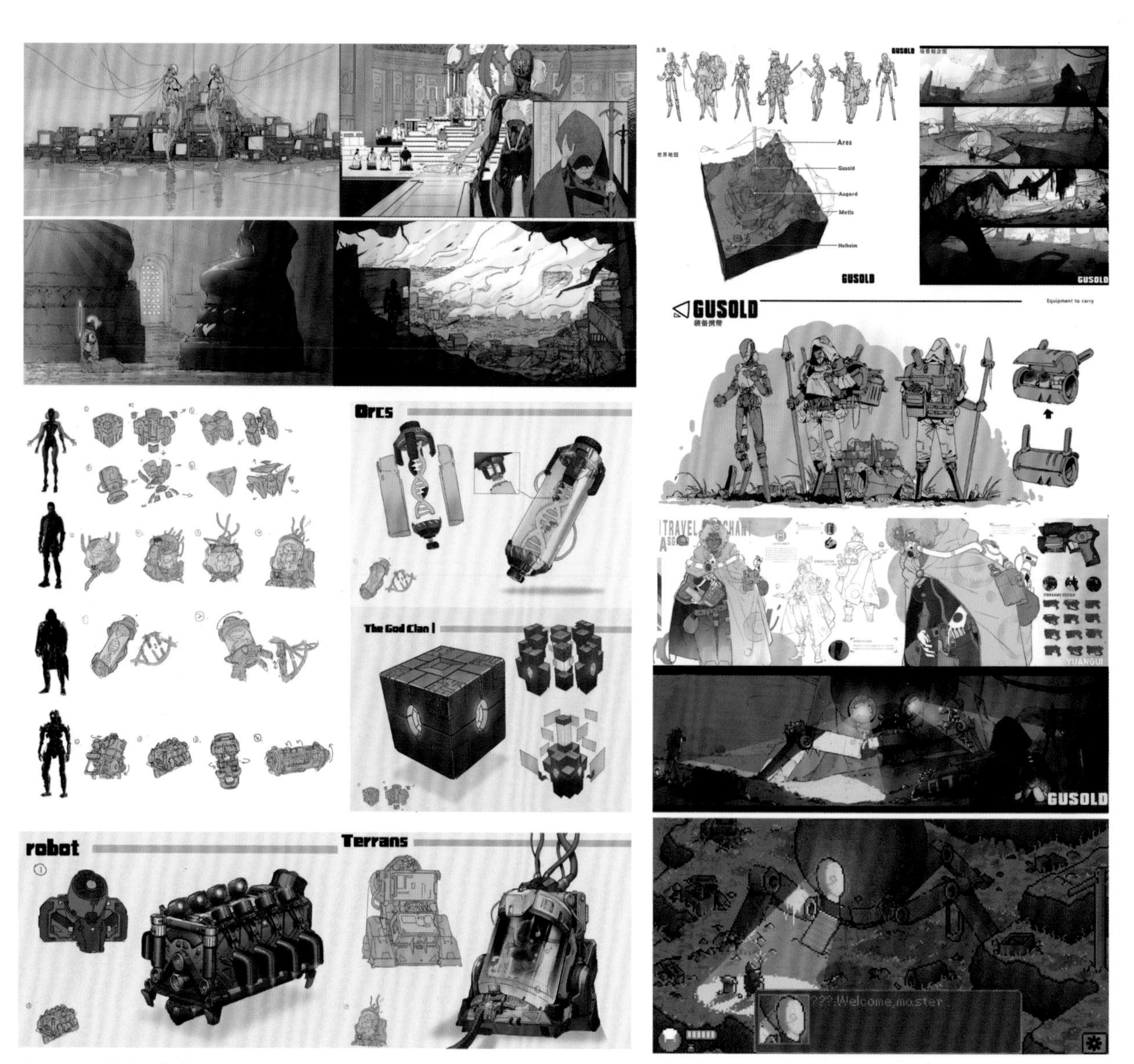

图 1-1 朱柏宇 游戏概念设计稿

图 1-2 朱柏宇 游戏概念设计稿

感受到的。粗浅地讲，如果游戏发生的时代是中国的隋唐时期，那么整个概念设计都必须严格遵循该时期的地理风貌、人文特色进行创作（图 1-4）。

码 1-1 游戏美术四个基本组成元素

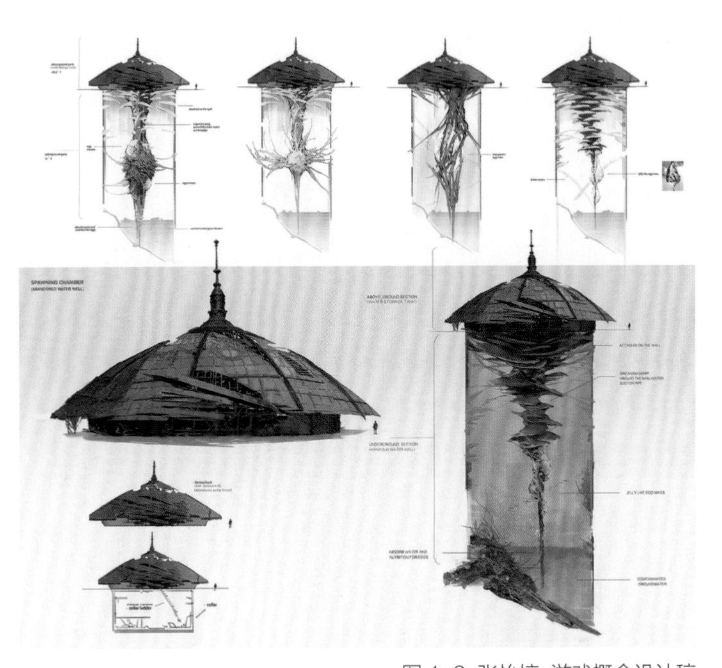

图 1-3 张怡婷 游戏概念设计稿

图 1-4 网易青龙工作室 横版动作游戏《斩魂》

这一工作不仅需要设计人员具备敏锐的观察力、丰富的空间想象力及造型能力，同时亦需要解剖学、工业造型、建筑、历史等学科知识的积累。因此，游戏概念设计不同于绘画作品，它是严格遵循游戏文案执行的视觉表现设计。设计师要反复论证其在整个游戏项目实施过程中的合理性，不断调整、改进设计效果，它是游戏美术中后期创作的指南和纲领。如图 1-5 所示，张怡婷创作的这套概念设计稿展示了从早期角色概念草图到中后期的颜色选择，再到结合材质对文本进行诠释的创作步骤。作品中的场景氛围图为一段剧情的开场定位镜头，展示了这个环境的总览氛围，在电影术语里这种定位镜头被称作“开场特写”。

游戏概念设计主要分为三个部分。第一个部分是游戏环境的概念稿，也叫氛围图（图 1-6）。游戏的前期策划完成后，就会产生相应的文字依据，

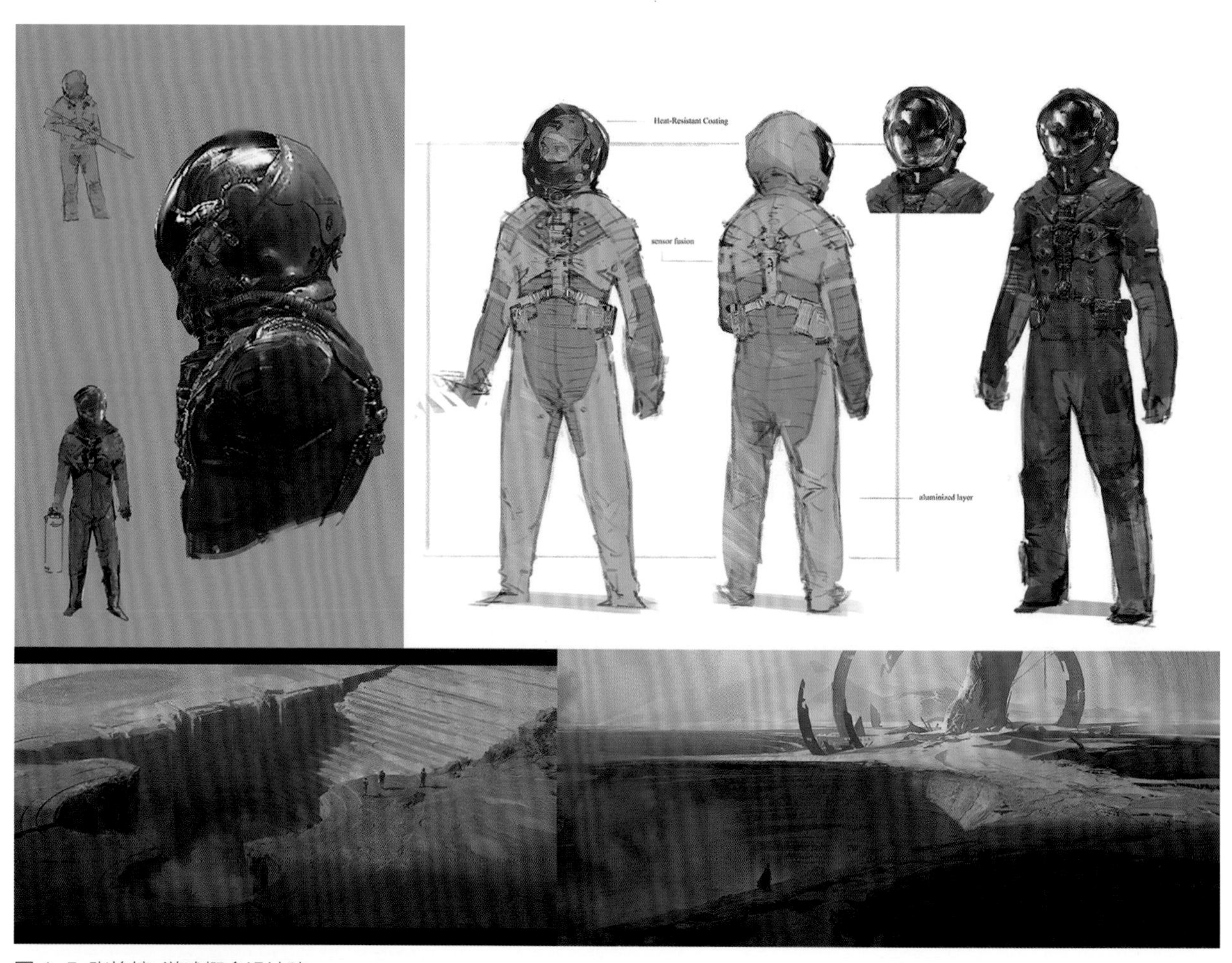

图 1-5 张怡婷 游戏概念设计稿

图 1-6 网易雷火工作室 游戏氛围概念稿

而这些文字则可以帮助美术设计团队建立游戏的世界观，这是整个游戏理念的雏形。游戏的世界观涵盖了游戏的时空环境。无论是真实的还是虚构的，无论是历史框架还是世界形态，世界观是整个游戏故事展开的依托和基础。设计师通过特定时空关系中的物种、地理环境、人文符号、科技、服饰、道具等元素，建构出一个和谐的游戏世界（图 1-7）。概念稿为游戏概念设计提供了创作方向和创作依据。第二个部分是角色设计。角色不仅是整个游戏的灵魂，也是游戏美术创作的核心。那么，我们该如何去创作呢？仅仅依靠绘画基础知识是不够的，设计师必须深入了解文字内容，熟悉故事情节，进而创作出既合理又具独创性的角色造型。角色设计包含了游戏中的所有人物、动物或虚构出的怪物等，这个环节对角色的形体、相貌、服饰、道具、色彩搭配等做出规划，使不同的角色呈现出各具特色的演绎属性（图 1-8）。第三个部分是地图（场景）设计，主要包括地形地貌、功能性建筑、人工对象、自然点缀元素等。场景是支撑角色运动和表演的场所，因其在整个画面构图中所占的比例最大，是最能完整体现游戏世界视觉形象的部分，所以场景往往决定着整个游戏的美术调性（图 1-9）。

三、游戏概念设计师的职业素养

在当代电子游戏的发展初期，受计算机技术及

图 1-7 网易雷火工作室 游戏视觉概念图

图 1-8 张怡婷 角色设计

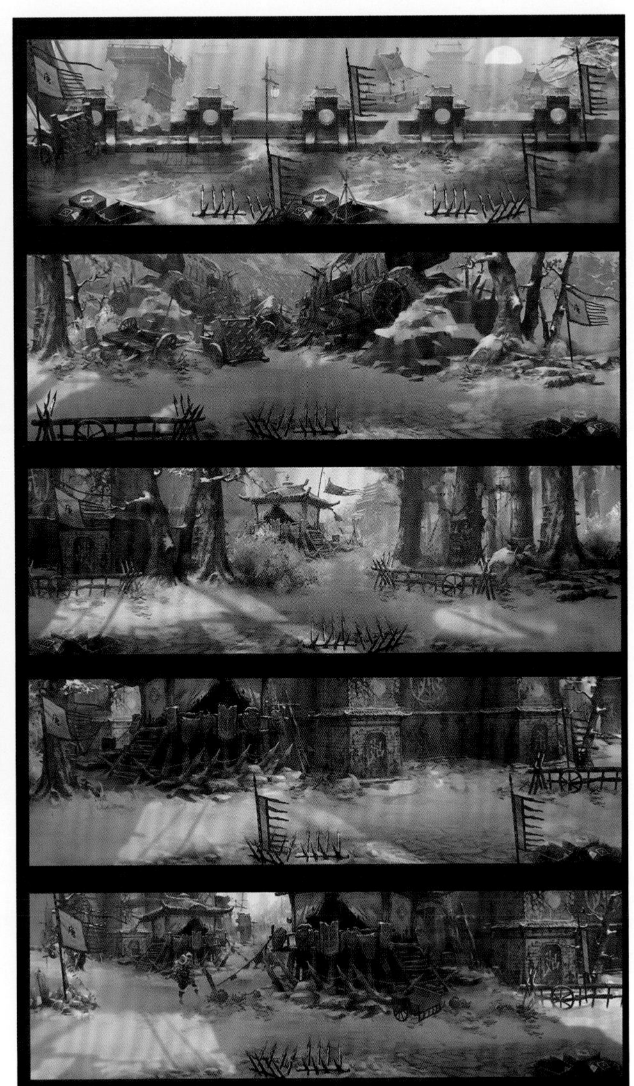

图 1-9 网易青龙工作室 横版动作游戏《斩魂》场景

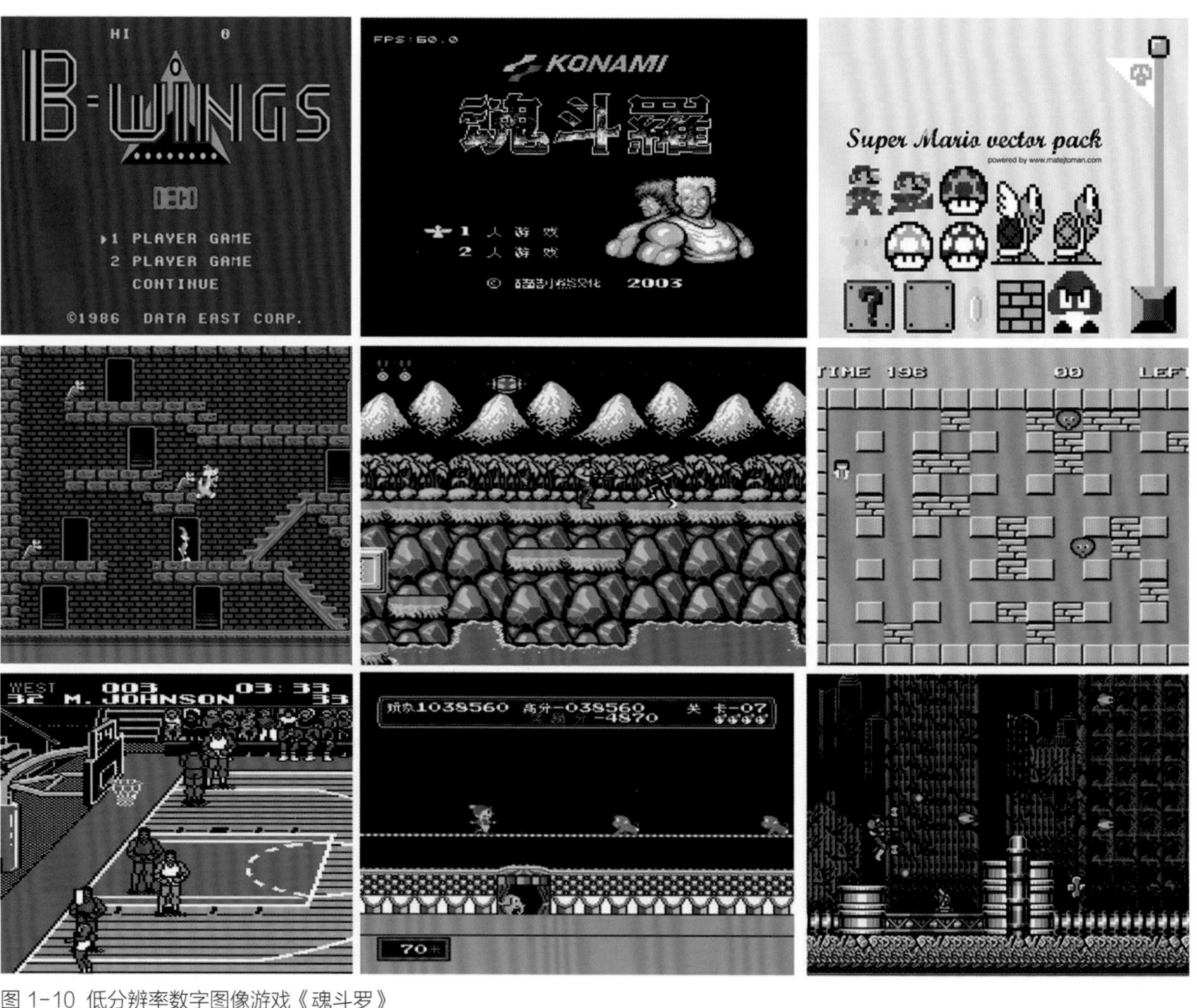

图 1-10 低分辨率数字图像游戏《魂斗罗》

从业人员的美术素养的限制，游戏画面风格较为简洁，呈现低分辨率的数字图像艺术特点（图 1-10）。当今，游戏研发过程日益复杂，一方面，各种新技术的发展与应用，为游戏美术设计提供了更多可能性，打破了视觉表现方式的限制；另一方面，各研发团队在视觉风格的创新性和复杂度上精益求精。因此，这一领域对游戏美术概念设计师提出了更高的要求，他们需要具备良好的造型基础、审美品位、数字艺术技能和团队协作能力。在信息量巨大的数字时代，人类对于共同命运的关注及探索意图与日俱增，故以超现实主义及地外文明探索为主题的作品数量日益庞大，图 1-11 展示了设计师从一个自然元素中提取灵感（廓形、颜色、材质等）并将这些要素转换为概念设计的一部分，为角色增添独特的视觉元素。

图 1-11 张怡婷 从自然元素中提取灵感创作的角色造型

游戏概念设计师是游戏美术前期工作的核心人物，能够依据策划文案和美术指导的意向创作整个游戏美术的视觉指南，为美术风格、品质、成本做出独特、合理且符合制作周期的方案（图 1-12）。在游戏研发启动后，概念设计师需要绘制比较详细的角色设定图、道具造型图、环境氛围图等，这些概念稿传达了美术指导的创意、美术方向及执行标准，从而保证了创作团队成员对游戏美术规范有更直观的认知和把握。概念设计师不仅要具备扎实的绘画基础和色彩理论知识，还要对所学知识进行灵活运用（图 1-13）。概念设计师要注重对角色动态和个性的塑造，以便迅速传达出美术指导的意图；而对于环境的设计，需要掌握建筑比例、透视规律、不同体量空间的布局方式和表现技法。另外，掌握产品设计相关知识有助于对道具、机械物体造型的设定。概念设计师是游戏视觉表现环节中的灵魂人物，不仅要从视觉上对游戏的文字策划和创意进行“物

图 1-12 张怡婷 高奇 游戏美术视觉指南

码 1-2 美学、机制、故事和技术的作用与影响

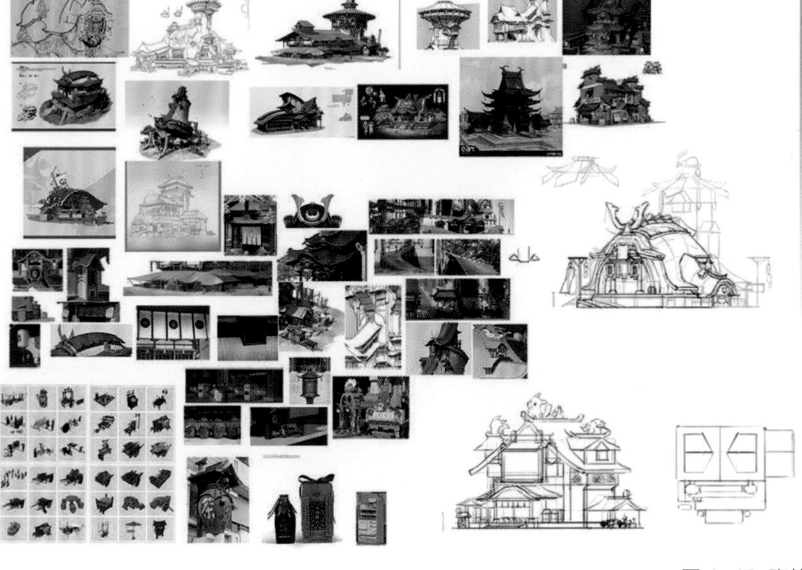

图 1-13 张怡婷 何骞 概念设计师对所学知识的灵活运用

质化”，而且要负责整个游戏美术系统的视觉表达。概念设计师需要熟练应用二维点阵图及矢量图的绘图软件，亦可借助三维软件、游戏引擎等辅助表达自己的设计意图（图 1-14）。

图 1-14 张怡婷 何骞 绘图及建模软件的应用

第二节 电子游戏与绿色设计

游戏艺术由来已久，本书因篇幅限制，主要探讨现代电子游戏的相关发展脉络。电子游戏艺术诞生至今，历史虽不悠久，但其发展速度惊人，这跟软硬件技术的飞速发展有着密不可分的关系。我们甚至可以说，游戏美术设计的长足进展完全得益于电脑技术的迅速发展。接下来，对电子游戏艺术的发展历程进行简要介绍，这将有助于我们深入了解艺术与科技的关系。

一、电子游戏的发展脉络

最早的电子游戏并非我们现在看到的这样繁复，早期游戏作品的美术设计环节是比较简单的。例如，1961 年麻省理工学院的斯蒂芬、罗素等人编写了《太空战斗》，这个游戏的诞生完全得益于作者对图形图像技术的喜爱。到了 20 世纪 70 年代，动作游戏十分风靡，飞行、赛车游戏纷纷问世，飞船游戏一直是这类游戏的主流，如 1978 年开发的《太空入侵者》（图 1-15）。此款游戏的操作手法十分便捷，用户只需通过操作屏幕底部的“绿色飞船”射击“入侵飞船”便能消灭侵略者，左右移动则可躲避侵略者的攻击。当然，如果“入侵飞船”的速度快于玩家“反击”的速度，游戏就以玩家失败结束。在设计风格方面，同时期的《国际空手道》等格斗游戏则引发了后期更加注重“电影叙事”和角色配合的趋势。这一时期的游戏美术处在奠基状态，基本上以像素为单位的图像进行表现，调色板受到极大的限制，简洁、鲜明是这个时期游戏的主要特征。随后兴起的是 20 世纪 80 年代的战略游戏。1986 年任天堂开发了 NES 游戏机并同步发售《超级马里奥》游戏（图 1-16），此时的游戏美术效果随着硬件性能的提升而变得更加丰富。从某种意

图 1-15 电子游戏《太空入侵者》

义上来说，计算机图形图像学和计算机硬件技术的发展推动了游戏软件及视觉艺术的创新与发展。与此同时，计算机图形图像学给艺术家们提供了新的美学视角和创作手段，电视艺术、互动装置艺术与游戏艺术同步发展。到了 1993 年，美国游戏公司 Id Software 第一个使用了自行研发的三维游戏引擎，创作出三维游戏《狼穴》。该游戏利用第一人称视角营造了一个无比惊险的游戏世界，成功激发了后续相似风格游戏的开发，并彻底改变了游戏美术设计的面貌和创作方法，使游戏美术进入了三维时代。Id Software 的《雷神之锤 Ⅱ》，美国游戏公司 Valve Corporation 的《半条命》等游戏在三维动作表现方面都占据了不可动摇的地位，游戏画面越发逼真（图 1-17）。20 世纪 90 年代的游戏产业发展迅猛，电视游戏占据了大部分游戏市场，从此，游戏美术越发追求写实风格，并一度尽力模

图 1-16 任天堂《超级马里奥》

图 1-17 美国游戏公司 Valve Corporation《半条命》

拟电影效果。今天，游戏美术的风格几乎已不受计算机技术的限制，科技为艺术想象力的拓展和创造力的激发提供了更为广阔的空间（图 1-18）。

二、电子游戏的分类

游戏作品的分类标准众多，我们可以根据游戏开发地区的经济、政治、文化来决定游戏风格、内容、玩法、受众等。游戏的类别随着技术进步、市场细化以及受众的变化，出现了跨种类融合的趋势。例如，网络游戏的普及，使游戏中原有的社交因素得到充分提升，玩家的关注点从原本的游戏性变得更加多元化。不过，电子游戏仍以玩法进行分类。

第一，动作类（Action）游戏。这类游戏是最传统的游戏类型，玩家根据任务提示，利用电脑键盘、鼠标或手柄等操控游戏角色来完成任务，如移动、跳跃、攻击、躲避、防守等。从广义上说，几乎所有的游戏作品都属于这个范畴。当然，现在的动作类游戏已经融入了更多的元素，有更完整的剧情和更复杂的关卡体验。《波斯王子》这类游戏的仿真效果几乎与真人如出一辙（图 1-19）。

第二，冒险类（Adventure）游戏。这类游戏通常要求玩家利用逻辑推理能力探索虚拟世界，解开谜题，完成任务。它并不要求玩家依靠战术策略与敌方对抗，而是通过控制角色推动游戏故事情节的发展。冒险类游戏的特征是包含探险、收藏、解谜以及简化了的格斗和动作内容，还有一些冒险类游戏完全不存在矛盾冲突，因此在冒险类游戏中格斗不是主要方式。动作冒险类游戏具有地形复杂、视角多和镜头融合、多种游戏元素混合等特点（图 1-20）。

第三，角色扮演类（Role-playing）游戏。这类游戏含有多种游戏形式，比如战略、经营、益智等。它是最具代入感的游戏类型，通过赋予玩家一个假定的角色，使其按照角色的个性特征和使命来体验游戏。角色扮演类游戏一经推出就大受欢迎，究其缘由，它能充分满足玩家对完美人格、超能力与超现实生存体验的心理需求。在玩法上，此类游戏多采用回合制对战方式，剧情丰富、易操作，并且能满足受众的心理需求，游戏视觉效果绚丽（图 1-21）。

第四，战略类（Real-Time Strategy）游戏。这类游戏的主要玩法是资源采集、建造、发展、战斗等，随机性强，节奏快。每个情节段落的时间较短，因此短时间内就可以完成一个任务，且游戏的每个情节段落相对独

图 1-18 网络游戏《逆水寒》

图 1-19 动作类游戏《波斯王子》

图 1-20 冒险类游戏

立，有效避免了游戏沉溺的问题。此外，即时战略类游戏比回合制游戏更适合多人联机对战，是目前大部分网络游戏的主要运营模式，“快捷”无疑是它流行的一个重要原因。1998 年，美国游戏公司 Blizzard Entertainment 推出经典的《星际争霸》，是当时最受欢迎的即时战略游戏之一，而《魔兽争霸 3：冰封王座》则是早期较成功的 3D 即时战略类游戏（图 1-22）。

第五，运动、赛车类游戏。这类游戏都是基于真实体育项目开发的，譬如玩家可扮演运动员，培养运动技能、参加模拟赛事。现在很多家用游戏机都可以安装交互式的虚拟现实运动游戏，既满足了玩家的娱乐需求又锻炼了身体，给玩家带来了卓越的视觉感受。如《极品飞车：地下狂飙》这类竞速游戏，惊险刺激、真实感强，受到众多玩家的追捧（图 1-23）。

第六，益智、棋牌类（Puzzle）游戏。这类游戏多以趣味性思考为主，内容包罗万象，思维模式可以朝逻辑性方向发展，最具代表性的是《俄罗斯方块》《大富翁》等，还有扑克牌、象棋、弹子球等桌面游戏，以及中国象棋、围棋、国际象棋、五子棋、跳棋、麻将等传统或新兴娱乐项目（图 1-24）。此类游戏以轻松、休闲、娱乐为主要特征，规则也比较容易掌握，不受年龄的限制，有良好的受众基础。

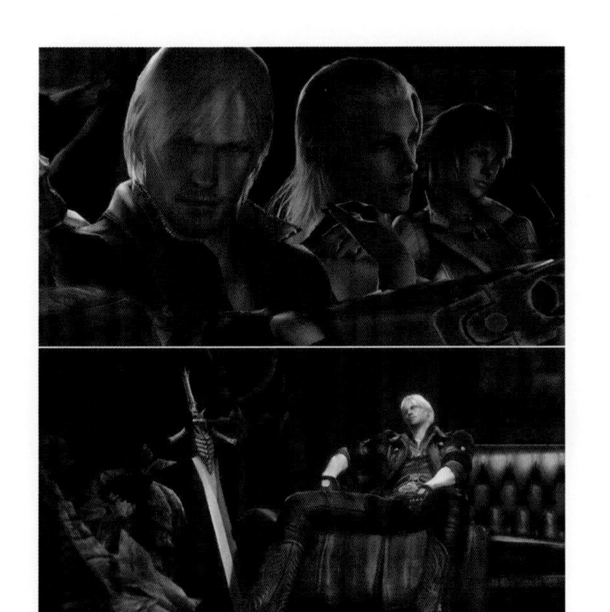

图 1-21 角色扮演类游戏《鬼泣》

图 1-22 即时战略类游戏

图 1-23 运动、赛车类游戏

三、文化数字化与绿色设计

中共中央、国务院印发的《数字中国建设整体布局规划》指出，建设数字中国是数字时代推进中国式现代化的重要引擎，是构筑国家竞争新优势的有力支撑。加快数字中国建设，对全面建设社会主义现代化国家、全面推进中华民族伟大复兴具有重要意义和深远影响。

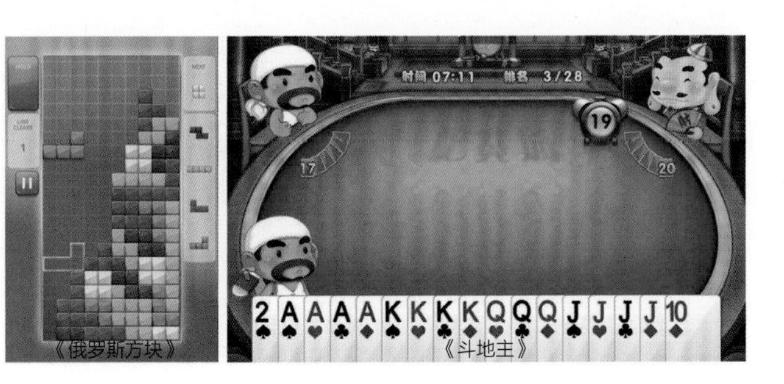

图 1-24 益智、棋牌类游戏

由此可见，先进文化的缔造、传播与传承是不能与时代特征割裂开的，数字化作品的质量与传播途径都是强文化、兴国运的重要因素。数字时代，真正意义上的发展网络文化已不能用“量化”的概念去理解，加强优质网络文化产品供给，提升质量并坚持核心价值观导向才是正确的发展路径。从大众传播的层面上看，只有富含文化的数字化作品不断出现、产品实现高质量发展，才能保障国家文化数字化战略实施，才能建设国家文化大数据体系，形成中华民族文化数据库。只有真正有文化影响力、有市场认同度的数字化作品和产品才能推动文化传播与新业态的良性发展，才是真正意义上的创新。数字文化服务能力提升后，新型文化企业、文化业态、文化消费模式及文化潮流才能形成新的合力，才能真正实现新征程中的开拓性创新。

电子游戏的设计源于真实的时空关系，在艺术与科技高度融合的数字时代，人们乐于体验从无到有的虚拟时空关系和情感，这与电子游戏的低碳、数字化特征尤为契合。相较于传统艺术在原材料上的高能耗及不可逆性，电子游戏依靠数字技术能创造出无限可能，且体验感、交互性极强。在电影《头号玩家》中，导演探讨了不同维度的空间对人的影响（图1-25）。为了通关并获取成就感，玩家往往会沉溺于

图 1-25《头号玩家》电影海报

计算机所发布的命令和谜题中，当然也能体验到生活中接触不到的场景，实现现实与虚拟空间的连接。

现在，世界各地的人们相聚在网络上，通过游戏进行交流 、切磋，虚拟时空的体验富有戏剧性，且能直接反映各民族的文化特征，在某种程度上也促进了文化的交流。例如，日本游戏公司 Koei 在 1999 年推出的经典单机游戏《大航海时代 4》，其加深了对于欧洲殖民扩张与殖民贸易的描写，如签订契约、独占贸易港、建立贸易航路、四处探险发现财宝特产等，无不折射出那个年代特殊的历史背景。对于不了解历史和地理的学生来说，起到了教科书式的作用，同时便捷的游戏玩法也拓展了受众群体（图 1-26）。

图 1-26 日本游戏公司 Koei 经典单机游戏《大航海朝代 4》

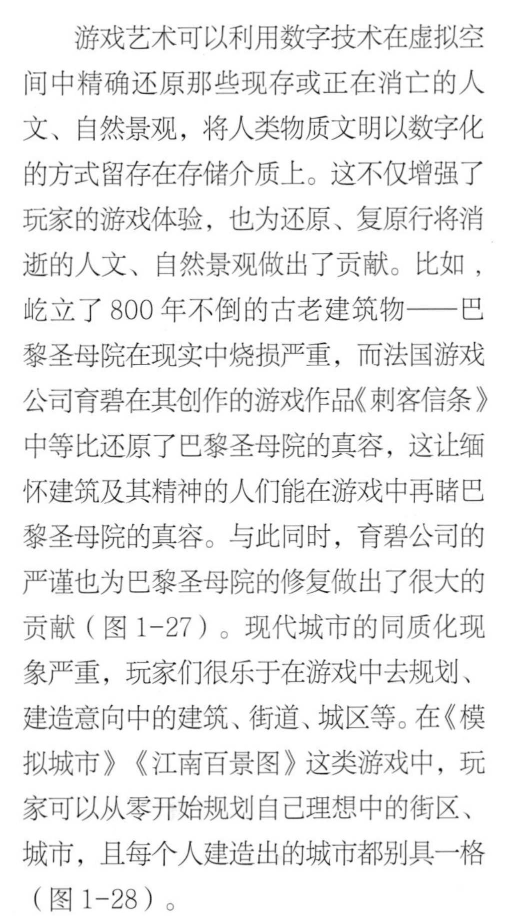

游戏艺术可以利用数字技术在虚拟空间中精确还原那些现存或正在消亡的人文、自然景观，将人类物质文明以数字化的方式留存在存储介质上。这不仅增强了玩家的游戏体验，也为还原、复原行将消逝的人文、自然景观做出了贡献。比如，屹立了 800 年不倒的古老建筑物——巴黎圣母院在现实中烧损严重，而法国游戏公司育碧在其创作的游戏作品《刺客信条》中等比还原了巴黎圣母院的真容，这让缅怀建筑及其精神的人们能在游戏中再睹巴黎圣母院的真容。与此同时，育碧公司的严谨也为巴黎圣母院的修复做出了很大的贡献（图 1-27）。现代城市的同质化现象严重，玩家们很乐于在游戏中去规划、建造意向中的建筑、街道、城区等。在《模拟城市》《江南百景图》这类游戏中，玩家可以从零开始规划自己理想中的街区、城市，且每个人建造出的城市都别具一格（图 1-28）。

图 1-27 《刺客信条》中的巴黎圣母院

图 1-28 上图：《模拟城市》；下图：《江南百景图》

第三节 游戏概念设计的流程

一、选题

游戏概念稿是形成整个游戏美术风格的先导性画面，设计师拿到文字策划案后，如何着手进行游戏概念稿的创作呢？首先，了解游戏的历史背景，如它是发生在何种年代、地域的事件；其次，搜集素材，寻找与故事背景相符合的图片和文字资料，深入研究后以图像的形式表现出来，形成草稿；最后，对草稿进行筛选，采用与主题最接近、风格最具特色的方案并进行着色。如图 1-29 中的场景氛围图是根据隋炀帝统治时期中原地区地貌特征和建筑特色绘制的概念稿。那么创作游戏概念稿的思路是怎样形成的呢？我们将整个流程归纳如下：

1. 文化符号

不同时代的文化背景所呈现出的物化形式各不相同，体现在建筑、景观、服饰、道具等具体事物上，就能表现出鲜明的特色。以建筑为例，我国历代建筑的样式、结构、风格都具有各自的时代特征。例如，唐朝建筑物的屋顶坡度平缓，出檐较深，支撑的斗拱比例较大，红漆的柱子较粗壮，木构架构件的比例趋向定型化，建筑材料广泛使用琉璃瓦，室内多用棂窗，整体显得庄重、朴实、宏伟。而到了宋朝，建筑规模较唐朝小，屋面开始弯曲，并有微微翘角，建筑物多采用菱花槅窗，出现了各种形式的亭台楼阁，增加了精致的雕刻花纹及彩画艺术，建筑风格逐步趋向华丽柔和（图 1-30）。

2. 用户体验

在确定了游戏主题和人文背景后，设

图 1-29 网易青龙工作室横版动作游戏《斩魂》概念稿

图 1-30 网易青龙工作室横版动作游戏《斩魂》

计师还需选择满足用户审美需求的视觉方案：是写实的还是抽象的？选用哪个时代的构造方法、装饰纹样、材质肌理？色彩搭配方式又是怎样的？例如武侠类游戏中会涉及少数民族的传统服饰，设计师要考虑该民族区别于其他民族的特征，即该民族赖以生存的自然环境、历史传承、宗教信仰、审美情趣、情感需求及风俗习惯等因素。当然，设计为人，设计师也要考虑当代人的审美需求，做出合理的创新表达（图 1-31）。

二、策划案

游戏概念设计是基于文本——游戏策划案展开的，其中涵盖了游戏的设计机制和逻辑，它直接决定了游戏概念设计的内容与形式。

游戏的策划案中应当包含游戏的综述。关于前期工作，文案中需列出游戏梗概、美术风格、目标用户和产品特点，亦需要对游戏设计进行说明，列出游戏类型定位、玩法定位、美术风格定位、团队的构建及周边供应商。若涉及中期的开发环节，文案中需列出项目的总体及分期资金使用计划、进程表、团队组织及分工、分阶段验收标准等；涉及项目的后期，则需阐明营运资金的方案、收益模式及利润预估、市场运营的策略、利润分配的模式等。

综上所述，游戏的策划案并非只是一个概念性的文案，它必须具备逻辑性、可执行性，它是保障游戏作品顺利展开的纲领。

三、美术流程

游戏研发往往需要投入大量的资金、人力，因此游戏策划案的论证非常重要。游戏的策划方案产生之后，要进行充分的论证，确定游戏的核心内容和特点，并讨论公众的接受程度。游戏美术与游戏

图 1-31 彭唐山 网易青龙工作室横版动作游戏《斩魂》

产品质量的关系十分密切，美术设计不仅要达到预期的视觉效果、画面品质，而且要准确体现游戏设计的策划意图（图 1-32）。例如，关卡设计师就是一个融合了游戏设计与美术设计工作的职位，关卡设计师既要考虑关卡的逻辑性，也要考虑视觉呈现的差异性。总之，了解相关的游戏设计流程有助于游戏美术设计人员对游戏有一个宏观的把握，从而确保美术设计的合理性。

游戏前期制作主要是创建游戏原型的“模拟样品”，以帮助我们预览大致的游戏效果。在制作游戏时，许多公司会抽调部分成员，专门负责新的游戏策划方案和游戏原型、演示工作，有时也会同时撰写若干游戏策划方案以供选择。策划方案中须列出立项的调研及论证报告、周期与成本核算、构架及可行性、程序及美术规范等。这一环节，程序设计与美术概念设计是同时展开的，为了避免不必要的人力投入及消耗，前期策划做得越细越好。

在执行游戏美术时，各部门主管须按照项目意图充分控制整个操作流程并协调好各部门工作，避免游戏延期发布，进而影响销售和推广。在执行任务之前，策划人员须制定策划案并搜集素材，并且要经程序员及美术设计人员开会确认。在制作前期，企划要先对地图编辑器的逻辑进行设定，然后程序员再根据策划文案编写程序。与此同时，美术设计人员开始进行概念设计，待游戏构架和概念设计完成后，即可进行具体的制作。一个游戏工作小组一般至少配备四位美术设计人员，分别负责角色建模、角色动画、贴图、场景地图四个部分的制作。

综上所述，游戏制作流程即实现游戏美术设计的过程。游戏美术设计的核心是创造力、审美能力、艺术表达能力的综合体现，是一项综合性非常强的工作，需要团队成员的默契配合。通过对游戏制作流程的了解，我们不难发现概念设计的重要性，它奠定了游戏作品的视觉表现基础（图 1-33）。

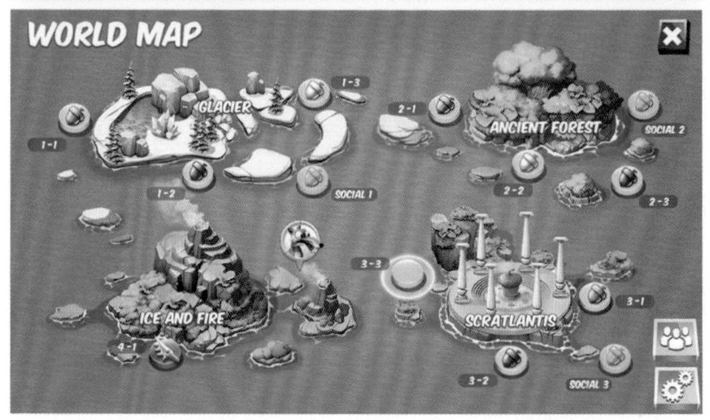

图 1-32 朱立朴 游戏美术视觉效果、画面品质及策划意图

图 1-33 彭唐山 游戏概念设计

思考与练习

1. 思考题

（1）游戏美术指的是？好的游戏美术应当是怎样的？

（2）简述游戏美术创作流程？你对其中哪个环节比较感兴趣？

2. 练习题

（1）体验一部游戏作品并了解游戏画面的构成要素。

（2）临摹所体验游戏的定格画面。

CHAPTER 2

第二章

知识结构

教学导引：

本章所涉及的知识面较广，这里仅做简要概括，希望同学们以此为基础展开学习。长久以来，游戏原画设计师认为自身的不足都是因为受到了技术条件的制约，然则非也。游戏概念设计的知识结构繁杂，设计师需要有丰富的知识储备。

第一节　造型基础

绘画艺术是现实生活中典型瞬间的凝固，表现的是静态的空间完形。为了达到准确造型的目的，初学者在学习时首先要了解素描。素描是通过层次丰富、变化细腻的明暗调子在二维平面载体上描绘出客观物象的体面关系变化，是一种模拟真实体积感视觉效果的绘画方式。物体在光的作用下，其表面产生的明暗变化就会凸显出体面关系，如受光、背光、明暗交界线、反光等（图 2-1）。素描练习着重于训练学生的观察能力，从整体到细节再回到整体，这是对单个物体的组合关系、空间表现以及整体画面的关系建构。不过，对于游戏美术概念稿而言，基础训练应该专注于短期的快速表现（图 2-2）。

图 2-1 维登 绘画作品

游戏概念稿的设计者须具备准确观察、高度归纳以及快速表达对象的能力，因此速写和短期素描是日常训练的首选，用富于变化的线条表现形体起伏所产生的轮廓、结构，并辅以少量的调子以交代物体的明暗转折、光影变化。这样的作品既能够快速记录并表达出物体大致的体积感，又能传递出游戏场景氛围（图 2-3）。

图 2-2 刘娜娜 绘画基础训练

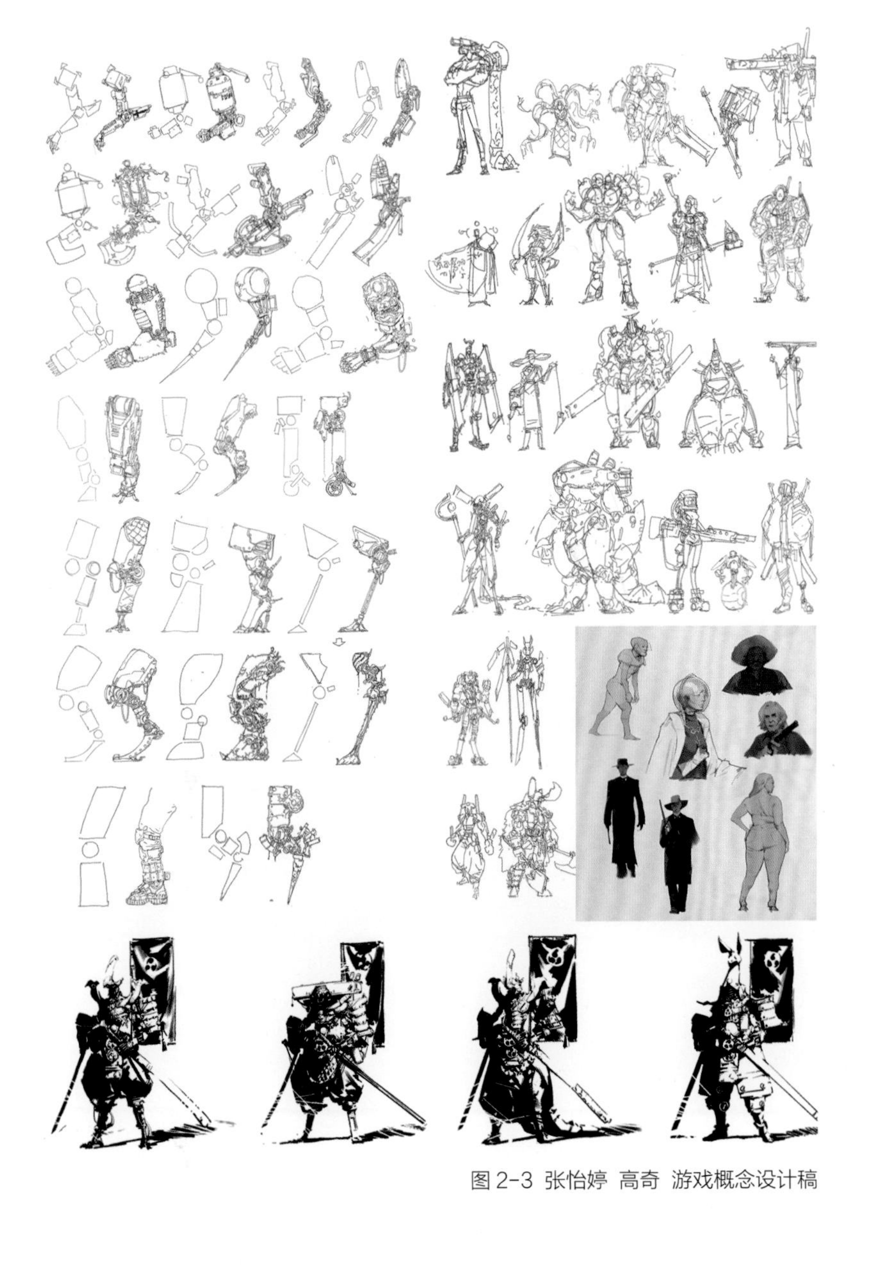

图 2-3 张怡婷 高奇 游戏概念设计稿

日常练习时，学生可结合剪影轮廓、结构、形体来训练造型能力，比如人体、动物、环境等的训练时长为 15 分钟左右，熟练后再延长时长添加细节。首先，造型要准确，能准确表现结构、透视和体积关系；其次，要注意画面层次和表现力。这些快稿或黑白光影练习能加强并巩固学生对单色调、色彩配搭的认知与实践能力，同时还涉及构图样式、灯光理解、笔触控制等内容，是一种很好的全方位练习（图 2-4）。

除了上述的传统素描知识外，游戏美术还可借鉴结构素描、自然景观速写等技法，前者能锻炼学生的理性思维能力，强化其从外观到内部构造的构想及准确表达能力；后者则能加强学生对地貌、气候、水文、土壤、生物等要素的理解，为将来构筑虚拟世界扩充信息库和提高理性表现能力（图 2-5）。

码 2-1 游戏美术造型基础

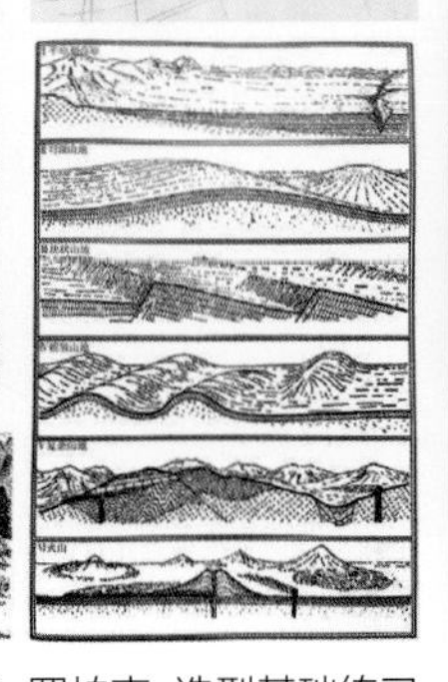

图 2-4 肖何 朱峰 蓝淇锋 罗柏克 造型基础练习

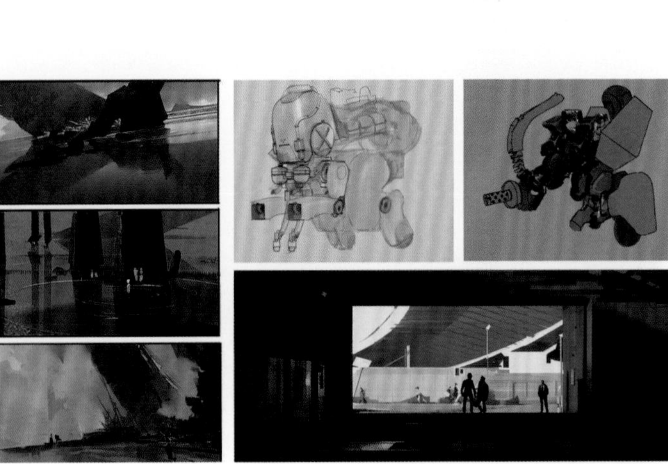

图 2-5 张怡婷 高奇 快速练习

第二节　透视基础

一、透视的原理

由于人眼具有特殊的生理结构和功能，在人的视野中任何一个观察对象都具有近大远小、近长远短、近清晰远模糊的变化规律。根据此原理，我们在观察和表现客观物象的时候就能主动运用近大远小、近宽远窄、近实远虚等透视法则去塑造画面的空间感（图 2-6）。在实际运用中我们发现，除视距、角度等因素会对物体的体积产生影响外，由于大气对光线的阻隔，人与物的明暗、色彩也会产生变化。近处的物体，视觉上更鲜艳明亮，体积更大；而远处的物体，颜色则相对灰暗，体积更小（图 2-7）。

码 2-2 游戏美术透视基础

图 2-6 张怡婷 利用透视原理塑造画面空间感

图 2-7 张怡婷 大气透视对画面空间感的影响

二、透视的分类

绘画艺术用二维画面来表现虚拟的三维空间。艺用透视法分为线性透视和空气透视两类。线性透视亦称几何透视，如平行透视、成角透视、倾斜透视、圆形透视等；空气透视亦称色彩透视，是指色彩近实远虚的变化规律，如明暗、饱和度等。在观察时两者往往是相互交叉的，在功能上有重叠。

图 2-8 高奇 线性透视

图 2-9 张怡婷 空气透视

1. 线性透视

线性透视学认为物体对眼睛的作用有三，即形状、色彩和体积。受观察距离的影响，透视现象主要包括缩小、变色、模糊、消失等。线性透视的重点是焦点透视，它描绘一只眼睛固定看向一个方向时所见的景物（图 2-8）。

2. 空气透视

日常的视觉经验告诉我们，当我们在户外观察景物时会有这样几种感受：不同距离的景物，带给我们的明暗感觉不同，越近的景物越暗，而越远的景物则越亮，最远处的景物往往和天空融为一体；不同距离的景物，明暗对比度不同，距离近的景物对比度较强，距离远的景物对比度较弱，近处的景物轮廓比较清晰，远处的轮廓则较模糊；景物的色彩饱和度随着距离的变化而变化，近处的景物色彩饱和度高，远处的景物色彩饱和高低，以上这些现象被称为空气透视或阶调透视。由于空气中夹杂着烟雾、尘埃、水汽等介质，它们对光线有扩散作用，因此本来无色透明的大气就呈现出淡蓝色。距离越远、介质越厚，扩散光线作用越强，空气透视现象就越显著，设计师常用此来表现画面的空间感（图 2-9）。

三、透视的画法

1. 平行透视

平行透视也叫一点透视，即物体在视平线上某一点消失，视中线与被摄对象的水平面、纵深面平行，与垂直面呈 90° 。在平行透视中，多面体的正立面、顶面的线都与视平线平行，而纵深关系的线段则消失于同一个消失点（图 2-10）。

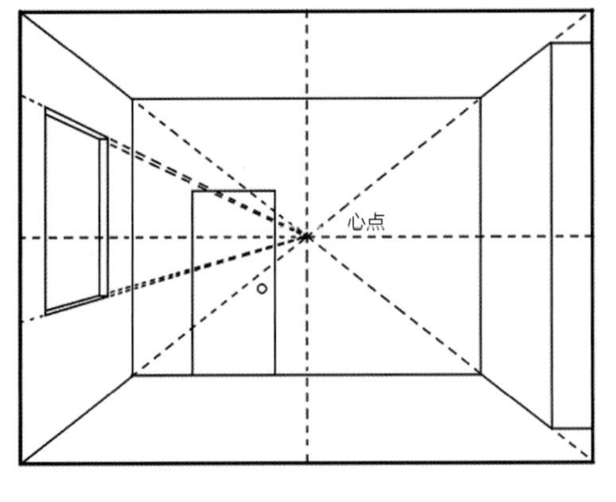

图 2-10 韦重智 平行透视

2. 成角透视

成角透视也叫两点透视，就是将一个立方体沿 Z 轴方向旋转一定的角度，这时物体的正面与侧面就产生了，纵深平行的直线会产生两个消失点。

成角透视是指画面视中线与被摄对象所成角度不是 90° 的透视效果。在成角透视中，一个矩形物体有两个消失点，这两个消失点在心点左右两边（图 2-11）。

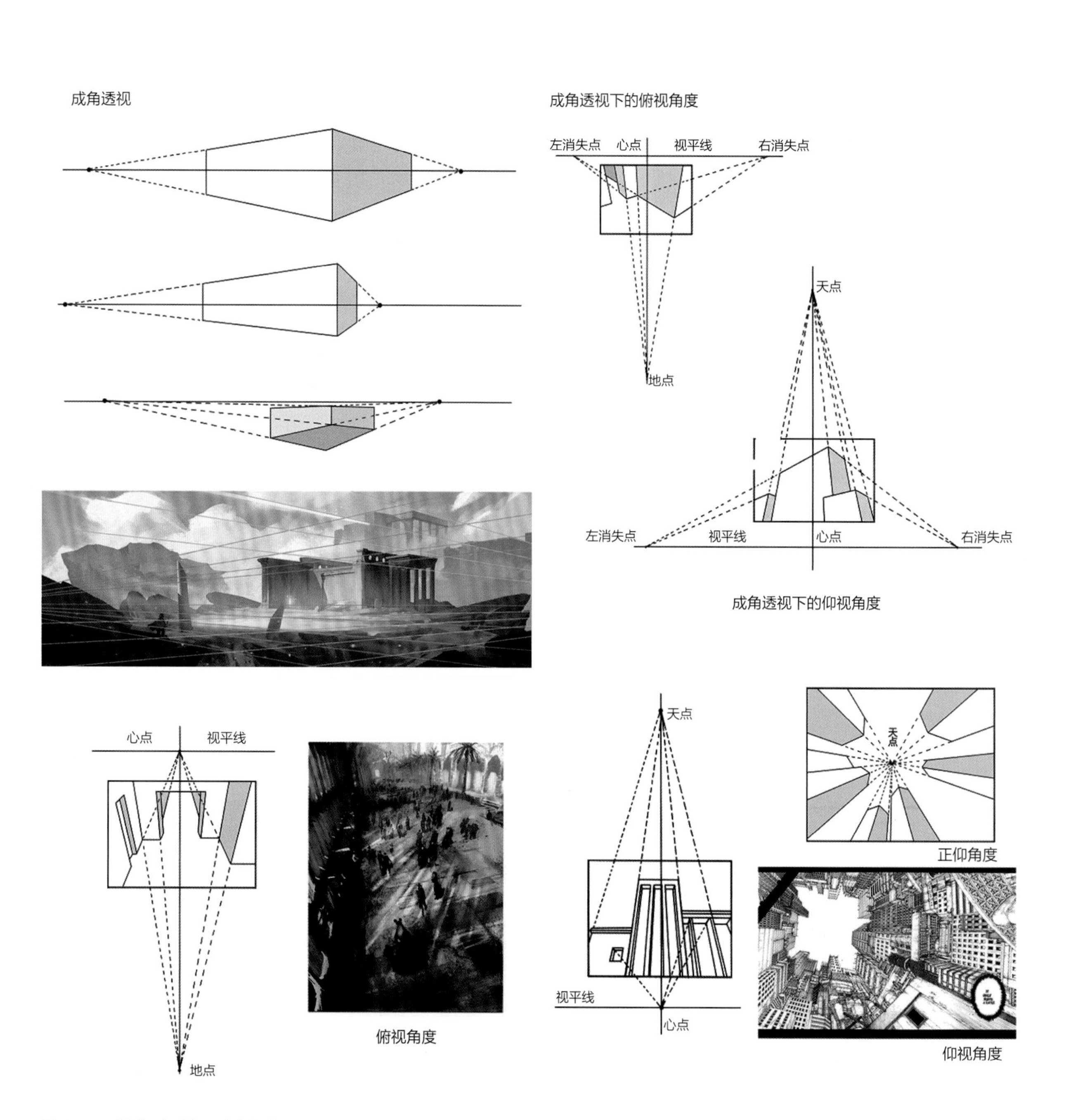

图 2-11 林潇 韦重智 成角透视

图 2-12 范晓倩《仙剑奇侠》 游戏原画

3. 无透视地图设定

无透视地图又叫 2.5D 地图，其场景中的所有物体都以固定角度进行排列，画面中的倾斜线条都是平行的，垂直线条依然垂直，无透视变化和视觉消失点。制作这种地图的优点是，将前景的建筑或道具放到后景，它们不会因透视的变化而发生扭曲，因此可以将建筑、树木、石头、瓦砾、池塘做成各种独立的图像元素，通过不同的组合方式形成各异的场景建筑群（图 2-12）。同时，在对物品或建筑进行调整的时候不会对原有的透视造成影响。先把制作好的地图的透视辅助线放在绘制场景下面（类似三维坐标的网状平行辅助线），绘制场景时再用这个辅助线来统一透视。然后，我们就可以根据场景气氛图的造型绘制符合透视要求的建筑图形了（图 2-13）。

图 2-13 朱峰 无透视地图

4. 空气透视

光照的角度与强度会直接影响空气透视的强度。逆光和侧逆光最为显著，顺光较弱；晴天显著，阴天弱；时间、气候和季节会增强或削弱空气透视的表现力，早晚空气透视现象显著，中午较弱。下雨天，雨水带走了大气中的微粒，空气洁净度高，远处的景物也会变得清晰，空气透视现象最弱（图 2-14）。

图 2-14 丁碧云 空气透视

四、三远法

散点透视有多个视觉焦点，是传统中国画中的特殊定义。画面元素纵向升降展开的称为高远法，横向高低展开的称为平远法，远近距离展开的称为深远法。在游戏场景中，“三远法”的应用不胜枚举，如在网易公司制作的游戏《绘真 · 妙笔千山》中，设计师在虚拟的三维空间中实现了传统中国画中的空间表达和意境营造，便是借鉴了此手法(图2-15)。

第三节　解剖基础

角色设计要求设计师理解生物内在构成关系，不合理的结构是无法被表象遮盖的。在自然界中，任何生物都有其合理的结构，这样才能支撑其运动功能和对重力的反应。

一、人体结构

人体是复杂的有机体，它包含了各种各样大小各异的几何形体。人体主要分为头部、躯干、上肢和下肢四个部分。颅腔内有脑，与椎管中的脊髓相连，而躯干包括颈、胸、腹、背、臀五个部分，由骨骼、关节、肌肉构成。男肩宽，女肩窄；男躯干短，女躯干长；男臀部窄，女臀部宽；男胸部厚实，女胸部双乳突出；男腿长，女腿短（图 2-16）。研究人的形体结构，不仅限于静止状态，还包括人的重心点、重心线、支撑面等在运动中的变化。

骨骼是人体的框架，决定人体的比例。人体约有 206 块骨骼，通过各关节活动实现各种运动。骨骼的差异决定了男女形体的差异，男性骨骼、体型粗犷，结构隆起显著；女性骨块轻、体型小、骨面滑润、凹凸起伏小。骨骼由关节相连共同构成了支撑人体运动的内部架构，关节是人体运动的枢纽，而肌肉又包裹着骨骼，并随骨骼形态变化而变化，

图 2-15 网易游戏《绘真 · 妙笔千山》中的“三远法”

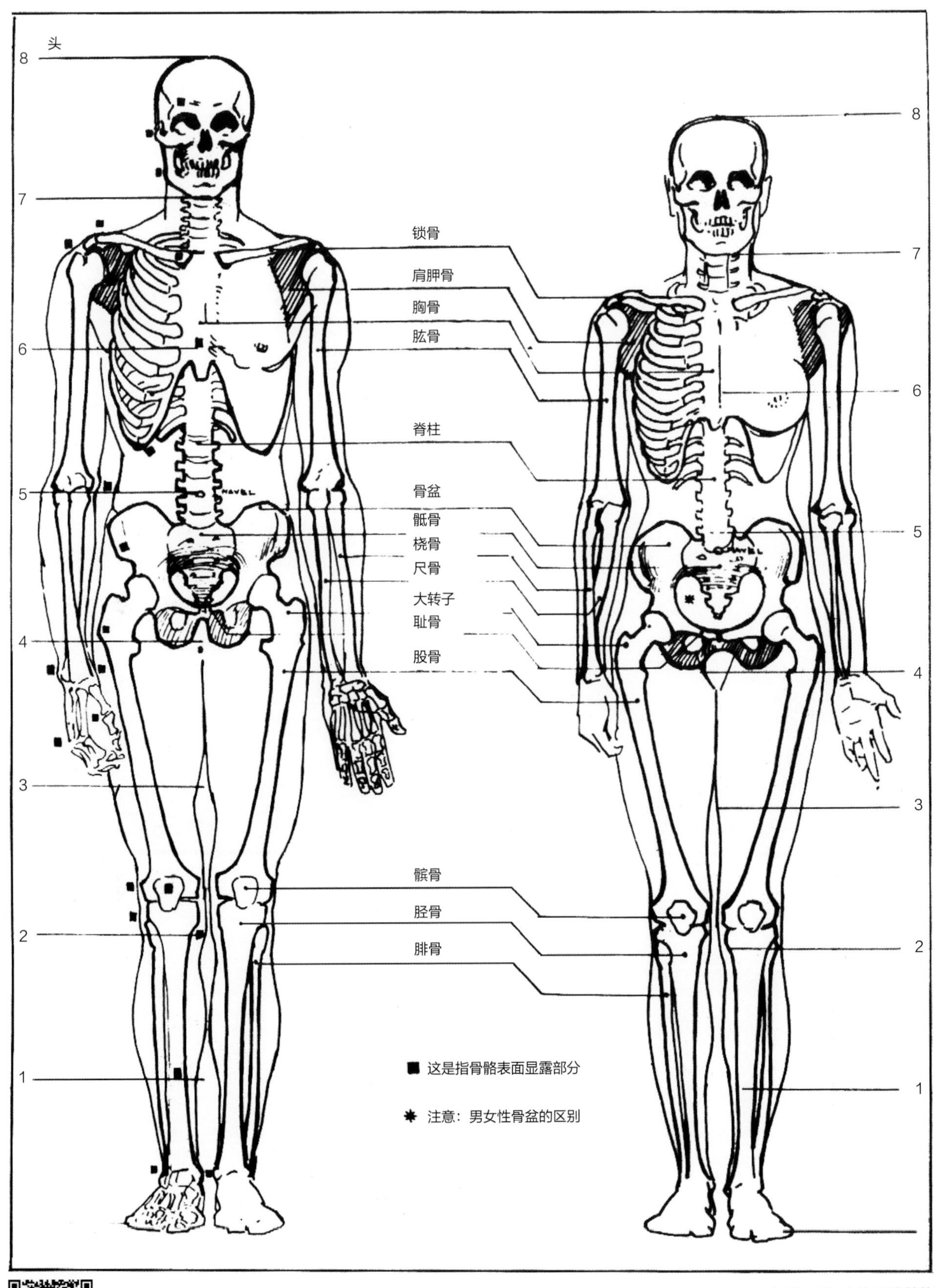

图 2-16 人体骨骼结构

码 2-3 游戏美术解剖基础

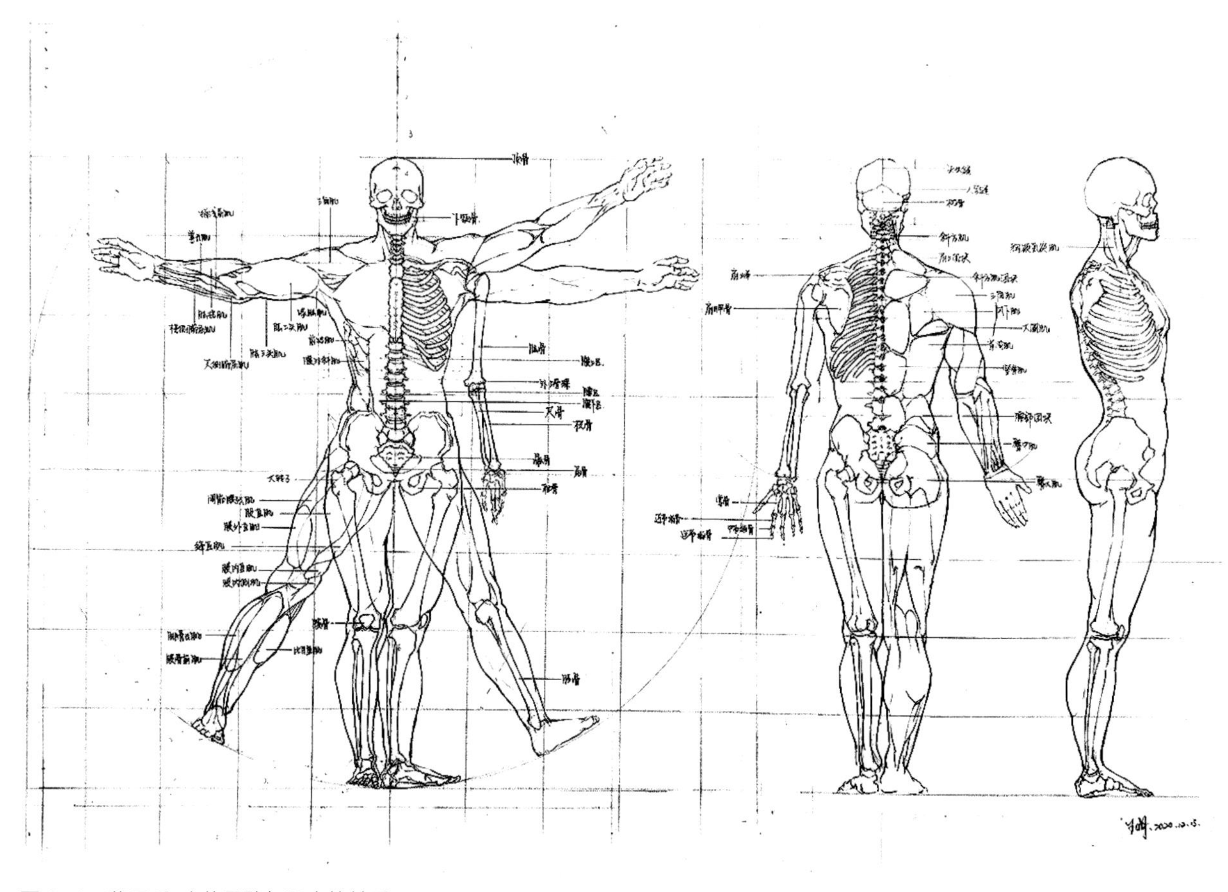

图 2-17 董子瑗 人体骨骼与肌肉的关系

人在运动时，肌肉都是从止点向起点收缩，牵引着关节运动，进而形成相应的人体动作（图 2-17）。

人的头部分为头骨和下颌骨两部分。头部由头盖骨、面部骨骼、颌骨组成（图 2-18）。头的上半部可归纳为一个椭圆形，而头的下半部可归纳为梯形；口部归纳为一个圆柱体，它插在颧骨长方形下部；最下面是下颌骨，把它看成一个长方形并将它与梯形穿插起来；而鼻子起始于圆柱形的上半部，终止于眉弓长方形的根部，也是一个长方体；眼睛则位于眉弓长方形的根部；嘴在圆柱形一半向上一点的位置。对头部结构有一个基本的理解后，我们就可以确定其基本形状，使其形体结构更加准确，然后在此基础上根据“三庭五眼”进行微调，从而绘制出不同特征的头部造型。“三庭五眼”是一种面部的比例标准，

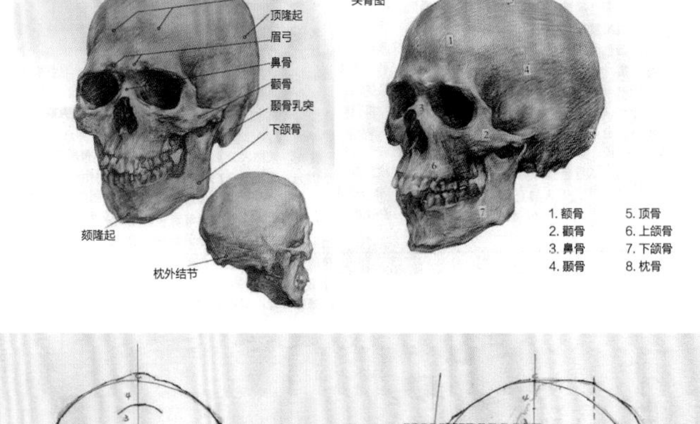

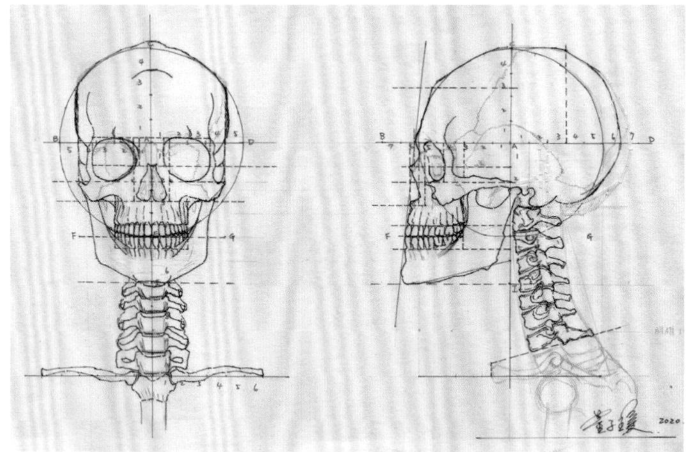

图 2-18 董子瑗 头部结构

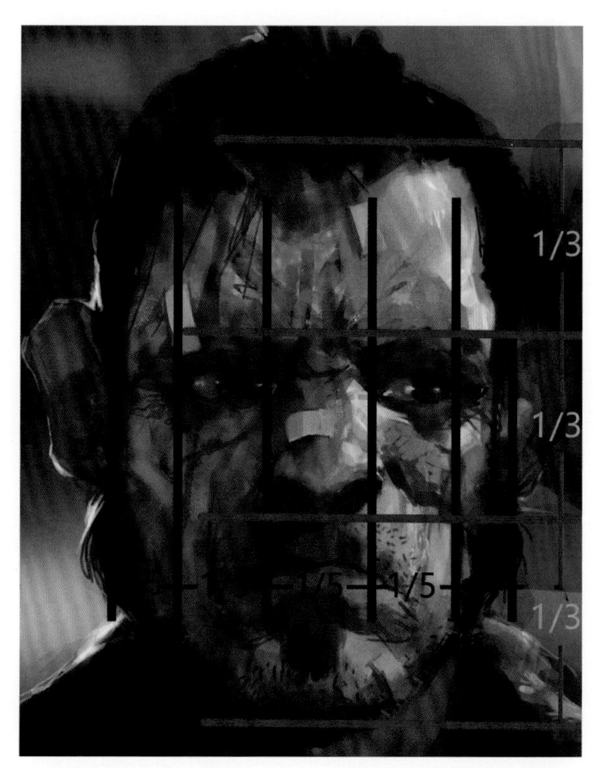

图 2-19 高奇 三庭五眼

三庭指脸的长度，眼睛位于头部的二分之一处；发际线至眉骨线为上庭，眉骨线至鼻底线为中庭，鼻底线至颏底线为下庭。五眼指脸部宽度，右眼、左眼、两眼中间距约一眼宽，右外耳孔至右眼外角占面部一眼宽，左外耳孔至左眼外角占面部一眼宽（图 2-19）。头部以下是人体的躯干，此处骨骼由胸廓和脊柱组成，胸廓由部分脊柱、胸骨和十二对肋骨组成。躯干部分包含了人体的重要器官，因此人体最重要的骨骼和肌肉也在此，从颈部开始是胸锁乳突肌，覆盖于胸骨上的是胸大肌，再向下是前锯肌，其侧面是腹外斜肌，腹腔上是腹直肌，起于头部以下至脊椎的第十二胸椎的斜方肌，还有位于后侧的背阔肌。这些都是头颈肩关系中常涉及的肌肉，可在日常学习中反复练习，形成记忆（图 2-20）。

头骨和胸腔虽然容纳了人体最为重要的器官，但它们只是控制中心，人体主要还是依靠上、下肢进行运动。上肢有三大骨骼，肱骨是上臂骨，尺骨和桡骨为前臂骨，尺骨连接肱骨，而桡骨是手腕的主要部分，手在其下面。上臂主要的肌肉是三角肌、

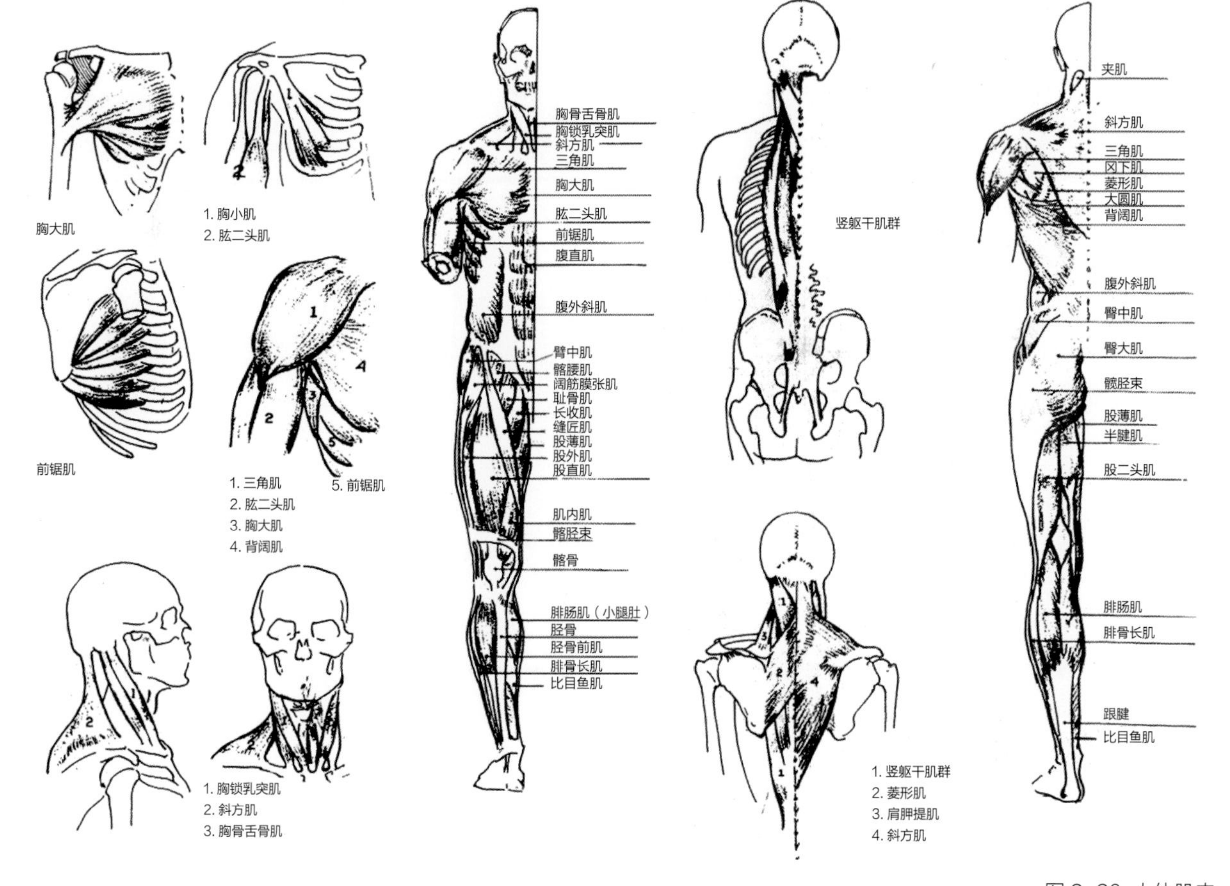

图 2-20 人体肌肉

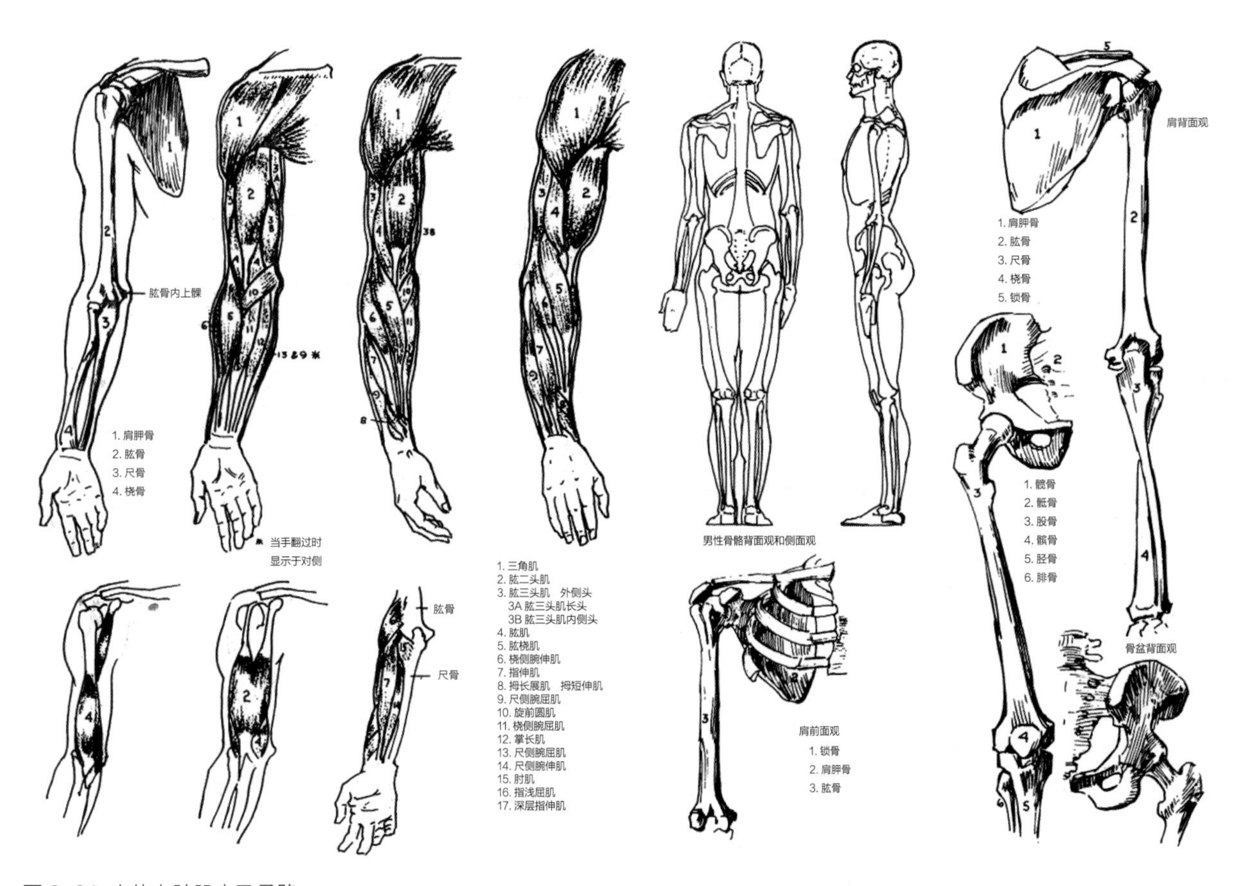

图 2-21 人体上肢肌肉及骨骼

肱二头肌、肱三头肌（图 2-21）。人体下肢是支撑整个躯体的重要部分，腿部主要分为大腿、小腿和足部，大腿部最重要的骨骼是股骨，股骨上端的圆形凸出为股骨头，其上完全为关节软骨所覆盖；向外向下的部分为股骨颈，微向前凸，股骨颈的下部有两个隆起，靠外侧者为大转子骨，男性小于女性。在股骨前部众多的肌肉中，股四头肌的作用最显著。股四头肌由直肌、股内侧肌、股外侧肌及股中间肌组成，每一簇肌肉均有其单独的起点，在下部互相融合成股四头肌腱，止于髌骨，并向下延长成为髌韧带（图 2-22）。

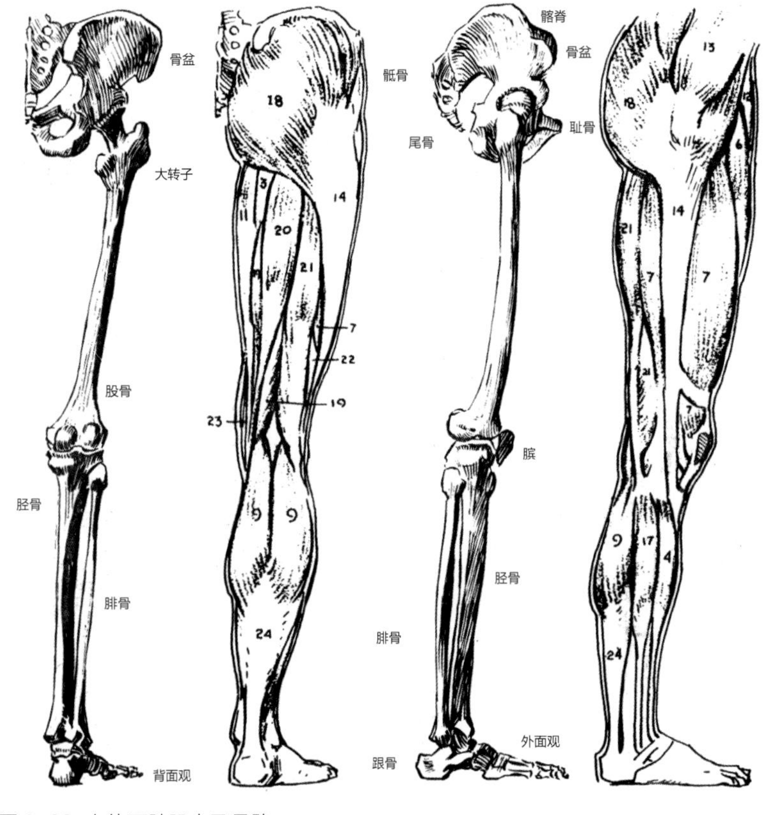

图 2-22 人体下肢肌肉及骨骼

二、动物结构

动物的种类丰富，其机体构造各不相同，难以尽述，故只能提供一种学习方式。动物或是怪兽角色的身体结构与人体有相似之处，因此我们在绘制动物角色的时候，需找到具体动物的骨骼和肌肉解剖图进行研究。在绘制前，我们首先要把握其头部、躯干和四肢三个重要组成部分。与人体相似，它们是构成动物身体的基本要素，也是形态比较稳定的主要结构基础（图 2-23）。在绘制动物的时候，可以运用几何形体来归纳结构，这种方式可以帮助我们排除动物形体上琐碎和偶然的因素，能抓住对象的基本形体。用线段和三角形、方形、圆形、立方体、球体、圆柱体等几何形体来分析所表现的动物，能帮助我们把握所画对象的形体比例和结构关系（图 2-24）。在角色设定中，会涉及大量现实中不存在的角色、怪物、机械体等，这些看似复杂的结构形体其实也是由自然界中的基础形态组合、重构而来的。我们不难发现，这些造型都能被分解开来，进而找到与各组成部分相对应的物种。设计师将自然界中不同物种的特征运用到角色设计中，我们可以从中看到人类或其他动物的解剖特征，使这些虚构的角色变得更加真实可信（图 2-25）。

图 2-23 动物结构基础

图 2-24 用几何形体把握动物形体比例及结构关系

图 2-25 高奇 游戏中的角色概念设计

第四节　色彩设计

一、色彩基调

色彩作为形体塑造的辅助要素，是烘托游戏氛围的重要因素。色彩的基调就是指画面的基本色调，也指画面的主要色彩倾向，它能传递总体的色彩印象。色彩基调是根据适当比例搭配不同的色彩形成统一、和谐、局部变化的视觉节奏。游戏中的内容丰富，各部分会有细微变化，如果处理不好色彩关系，就会破坏整体的视觉效果，因此在处理画面的色彩关系时首先要确定整体基调，如绿色调、蓝色调、红色调、黄色调等。场景必须有一个颜色基调，使其与前景、中景中的主要角色区分开来（图2-26）。在大调子的色彩倾向下，画面中的各元素将服从于整体。当然，游戏美术中的角色表现往往优先于场景，包括造型细节以及色彩亮度、对比度等（图2-27）。

二、色彩三要素

色彩是当光线照射到物体表面后，人的视觉神经产生的感受，颜色的差异是由光的波长变化所决定的。色彩在概念稿的设计中扮演着重要的角色，在构建了画面的基本造型要素后，画面的情绪和氛围主要依赖色彩来呈现。色彩变化是由色彩的三要素，即色相、饱和度和明度决定的（图2-28）。

1. 色相对比

色相即色彩的样貌，指的是不同波长的颜色的情况，波长最长的是红色，最短的是紫色。我们把红、橙、黄、绿、蓝、紫和处在它们之间的6种中间色——红橙、黄橙、黄绿、蓝绿、蓝紫、红紫，共计12种色构成12色相环（图2-29）。

在色相环上，与环中心对称，并在180度的位置两端的色被称为互补色，例如红色和绿色、蓝色和橙色、紫色和黄色（图2-30）。这些颜色放在一起使用时，会造成强烈的视觉反差。例如，红色处在与绿色相对的位置，明暗的对比可以反映光照的效果。使用对比颜色同样能够起到突出主体的作用，在概念稿中利用这个原理来指引画面的视觉焦点，是一种设计师常用的技法（图2-31）。

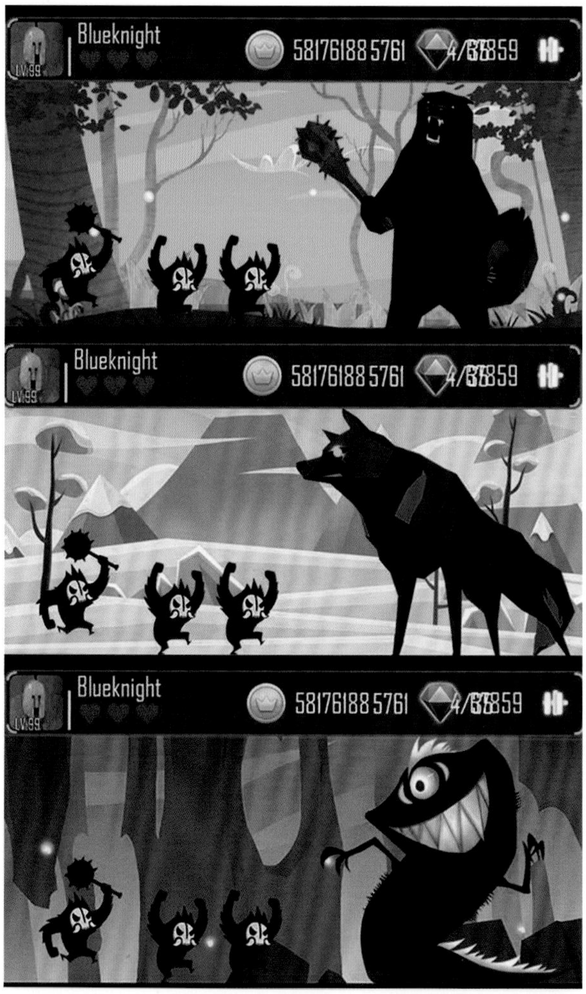

图2-26 朱立朴　确定场景色彩基调

图2-27 高奇　游戏美术中的角色概念设计

码 2-4 游戏美术色彩设计

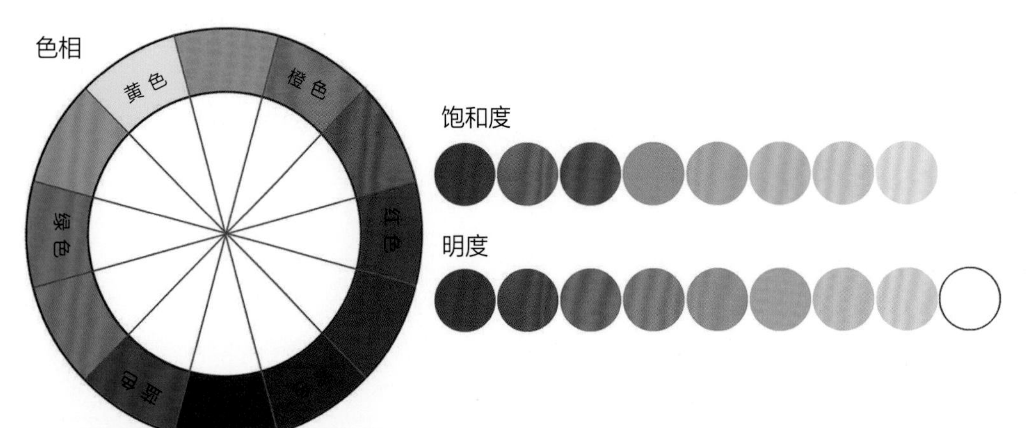

图 2-28 朱立朴 色彩三要素

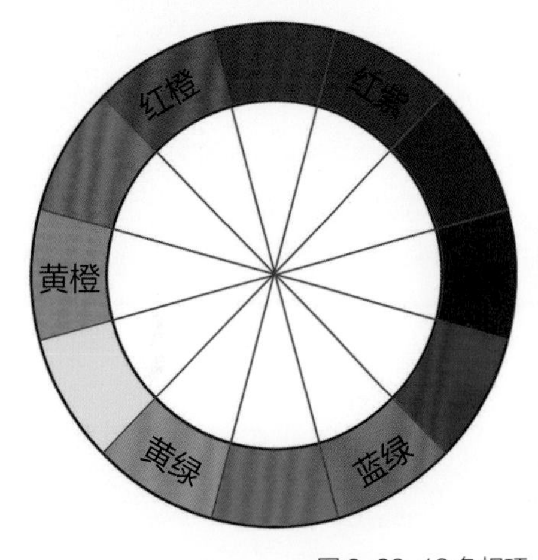

图 2-29 12 色相环

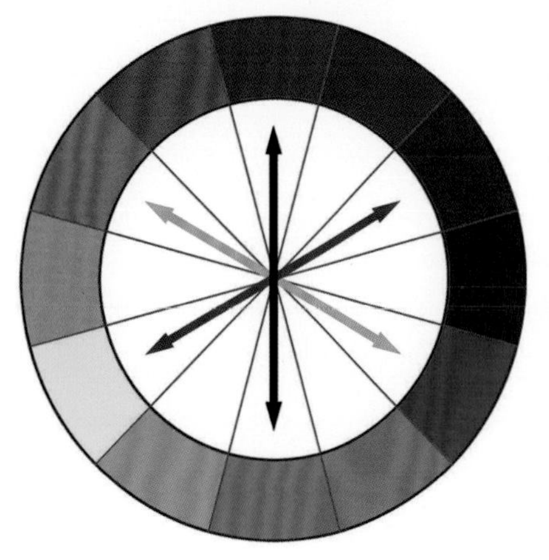

图 2-30 互补色

图 2-31 张怡婷 对比色使用

2. 饱和度对比

色彩的饱和度是指某一种色相的颜色的鲜艳程度。我们可以从日常的生活经验中得知，在一种颜色中加入另一种色彩即可改变其固有倾向，从而或多或少地呈现出混合后的效果。鉴于这种视觉经验，在艺术实践中，不饱和的色彩，即灰色才是最具有表现力的。灰色在环境色中占据主导地位，其变化范围大且微妙，同样也有色彩倾向和冷暖的变化（图 2-32）。

图 2-32 朱立朴 灰色在游戏场景中的应用

具有鲜艳固有色的物体，在太阳光、反射光、人造光源、环境色等外界因素的干扰下饱和度降低。现实生活中，真实的场景与道具等必定会受到大气透视的影响。空气中微粒反射或吸收太阳光后，会产生降低场景或道具固有色饱和度的作用，这就是我们用写实的手法表现环境时多运用灰色的原因。当然，仅仅了解自然界及色彩理论中的饱和度变化是不够的，在平面化的游戏美术作品中，色彩的运用更加强调画面分割的关系，即线对画面的分割所产生的各个块面的大小、形态的方向、颜色的强弱变化（图 2-33）。

3. 明度对比

色彩的明度变化是人眼对光源和物体表面的受光程度的感知，是主要由光线强弱决定的一种视觉经验。色彩明度越高，视觉感受越明亮，反之则越黯淡。明度对比主要用于区分画面的素描关系、划分画面的影调关系。这个关系并不仅限于物

图 2-33 张怡婷 空气透视对色彩饱和度的影响

图 2-34 王俊宁 明度在游戏场景中的应用

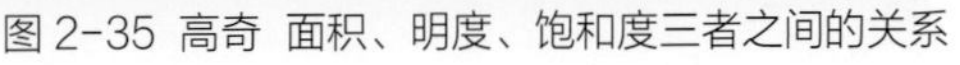

图 2-35 高奇 面积、明度、饱和度三者之间的关系

体对于光的反应或空气透视的需求，还取决于设计师基于剧情分析后，对画面中的各个景观层次、道具等进行的视觉排序，重点的道具、主体建筑、景物自然是光线处理的重点，除主体物外的环境的照明则逐层衰减。

色彩的层次与空间关系主要依靠明度变化来实现。创作时，若画面中只有色相的对比而无明度对比，则各个景别图层的造型轮廓就会变得模糊，在移动时也难以形成很明显的空间层次感。因此，设计师通常会将画面的视觉重心安排在中景层，也就是角色移动、打斗的图层或活动通道，这些区域应较明亮，但由于角色动线上的通道大多并不醒目，设计师往往在保持色相与饱和度不变的情况下，通过提高明度使其更加突出（图 2-34）。

当然，以上三者不可能独立存在，它们相互依存、互相渗透。如果画面中主要物体的面积大，但色彩比较灰暗，其视觉感受也会比色彩鲜艳的小面积形体弱（图 2-35）。因此，对面积、明度、饱和度的组合关系进行简单的划分，各种因素的变量叠加后形成的视觉体验才是最终凭据。

三、色彩的氛围表达

色彩对于氛围的表现力极强，人的心理会受到色彩的影响。当然，颜色之所以能影响人的精神状态，也是源于人们对客观事物的习惯性认知。人们对颜色的认知从自然而来，天空是蓝色的、植物是绿色的、山石是灰色的、阳光是金色的等，当人们看到与自然界中的事物一样的颜色时，就会联想到与这些自然物相关的感觉体验。植物净化空气，能给人带来凉爽的视觉感受，因此植物的绿也能使观者产生舒适、静谧、放松的感受，这种体验甚至能超越视觉，进而拓展至嗅觉、触觉、听觉、味觉。图 2-36 的速涂练习通过强化材质与肌理表达，加强了画面质感与体积感的塑造，从而给观者带来更多的真实感，使他们有身临此境之感。

图 2-36 张怡婷 材质与肌理表达，强化质感与体积感塑造

1. 方案与心理

不同的色彩方案能够调动游戏玩家的不同情绪。通常我们将色彩划分为冷、暖色系，冷色系有蓝色、紫色、绿色等，暖色系有红色、橙色、黄色等。冷色系倾向于表现负面、消极的情绪，如忧郁、悲伤等；暖色系多半与正面、积极的感受关联，如热烈、欢快等。在冷色系中，绿色象征着生命、树林、草木等；蓝色与天空和海洋等相联系，深蓝色、暗紫色给人带来神秘感。在暖色系中，红、黄色代表火焰、岩浆等，有忠诚、勇敢和力量的寓意；而在冰冷的夜晚，深黄色的窗户让人联想到温暖和炉火（图 2-37）。在游戏环境中设计师常利用颜色来吸引玩家的注意，用特定的颜色来暗示危险或者揭示某个物品的用途。色彩的表现力及其引发的心理暗示在游戏中起到了不可估量的作用，色彩的对

图 2-37 张怡婷 冷暖色调的应用

图 2-38 高奇 色彩的表现力及其给人带来的心理暗示

比度、饱和度及明度也可以影响玩家对画面元素的认识以及对画面做出的心理反应（图 2-38）。

值得一提的是，除色彩被自然赋予的属性外，人们在生产、生活中逐渐形成的认知习惯也影响着自己的审美心理。以我国传统汉族服饰为例，人们视青、红、皂、白、黄等五种颜色为“正色”。当然不同朝代的人也各有崇尚，如夏黑、商白、周赤、秦黑、汉赤；唐服色黄，旗帜赤；明代定以赤色为宜。但唐代以后，黄色曾长期被视为尊贵的颜色，只有天子权贵才能穿用。这些约定俗成的认识会影响人们读取信息时的心理感受，设计师需要对此进行反复考证。

2. 光线与景别

自然界中的颜色并不都是饱和的，事实上，在艺术实践中不饱和的色彩——灰色，才是最具有表现力的（图 2-39）。离观察点越近的物体颜色饱和度越高，因为它们几乎不受空气透视的影响，而地平线附近的空气密度较大，使出现在这里的物体看上去发白发灰，呈灰蓝色，且缺乏立体感。所以，自然界中的事物距离观者越近色调越暖，反之则越冷，这样的感受源于生活，设计师可以利用这一点来强化场景的空间感。

图 2-39 漆芷妤 不饱和色彩在游戏场景中的应用

第五节　辅助知识

游戏美术作为一个多元融合的专业方向，汇集了绘画、视觉传达、数字媒体、产品、建筑、服饰、环艺、园林、计算机图形图像技术、信息交互技术等内容，形成了一种全新、多维的交互艺术，其涵盖内容的丰富性与表现手法的多样性是以往各艺术门类都不能比拟的。一个优秀的游戏美术案例与设计团队的审美功底、程序基础和人文知识等综合素养是分不开的，这就要求我们掌握更多游戏美术设计所需要的各类知识。由于篇幅限制，此处仅列举 3 个应用最广的门类。

图 2-40 陈璐 PS 图像处理

一、计算机图形图像技术

随着计算机图形图像技术的发展，现代的游戏视觉设计工作更加依赖计算机绘图技术。当然，我们并不在这里具体讨论某一款二维或三维软件的使用方法。目前，市面上的主流二维绘图软件基本都具有矢量和点阵图处理功能，其不断完善的画笔工具为设计师的艺术创作提供了软件支持。点阵图所构成的数字图像几乎是在传统的摄影技术上演变而来的，因此具有传统摄影技术常常用到的抠像、合成、局部图像修饰、校色、特效、绘画等功能。在游戏美术设计实践中，绘画占主要地位，现有的绘图软件所提供的笔刷几乎与传统绘画媒介无异，画面表现力日益丰富。图像编辑功能不仅可以对图像进行放大、缩小、旋转、倾斜、镜像、透视等处理，也可以复制、去除斑点、修补、修饰有缺损的图像等。该功能在素材贴图的处理方面起到了非常重要的作用，即优化图像像素，得到让人满意的效果。图像合成是将几幅图像合成完整的、传达明确意义的图像。校色功能可以对图像的色相、明度、饱和度等进行调整(图2-40)。

二、影视艺术

乍看上去，影视作品与游戏制作并无直接联系，但是我们可以在很多游戏美术作品中发现影视语言的运用。影视艺术中的光线、角度和景别有助于游戏场景设计的氛围表达。景别是影视语言中最重要的概念，主要指由摄影机与被摄对象之间距离的远近所造成的画面上形象的大小。景别的大小是因摄影机镜头的焦距变化而造成的被摄内容与视距远近的变化，远、中、近景在画面上的搭配铺陈决定了视觉层次。影视摄影中表现的客观对象往往比人裸眼观察的效果更加富于透视变化，这一点也常被运用到游戏场景的设计中。在描绘物体的时候，为了突出视觉张力，我们往往会夸大物体体积、形状的比例关系，例如可以通过增强空间的透视关系来描绘一个纵深感很强的空间。在图 2-41 中，设计师以一个旁观者的视角去表现整个场景，灯光效果的表现使处于暗处的角色与远景的管道形成了强烈的对比，橙黄色的运用使玩家仿佛置身于画面中，真切感受到角色的紧张情绪。

三、建筑艺术

建筑艺术的知识体系非常庞杂，游戏专业的初学者须对古今中外的建筑风格、特点有一个基本的了解，进而认识建筑风格的丰富性和差异性，为以后的学习及设计活动积累知识，开拓思维。

游戏作品的世界观构建与建筑风格、人物造型、服饰特点等因素密不可分，游戏世界观的形成与塑造主要是从社会、经济、历史、文化的角度着手推进的。设计师也许面对的是一个虚构的时代或地域的游戏策划案，但是最终呈现给玩家的游戏氛围必须是既熟悉又有特点的，因此在现有资料的基础上，对其进行合理的重组、变化能有效提高设计效率（图 2-42）。

图 2-41 张怡婷 景别在游戏场景中的应用

图 2-42 彭钥 覃晓亮 游戏场景中的建筑

1. 中国历代建筑

中国的建筑以木结构为主，有自己独立的建筑结构体系。不过，最初的建筑始于蛮荒时期，石材是主料，再辅以树木、泥土等，主要是为了居住并抵御大自然的侵袭。旧石器时代以穴居为主要形式，到了新石器时代，建筑类型拓展到了居所、墓穴、窖穴等，根据人的生活需要建筑物的内部也出现了空间的划分（图 2-43）。

原始社会后，奴隶制国家的建立带来了规范的礼法制度，这个时期的建筑类别丰富了起来，出现了宫殿、寺庙和墓葬等。在木结构建筑上发展起来的稳固的斗拱结构奠定了中式的建筑风格，这一时期建筑物顶面与立面的装饰也日渐丰富。建筑物的平面造型大都四四方方，面积较大，有的还有前廊和围廊（图 2-44）。

宫殿是统治者的居所，规模宏大，能满足起居、运动、办公、娱乐以及审美需求。夏商周时期的地面、墙面都用细泥掺和砂子、白灰涂饰过，

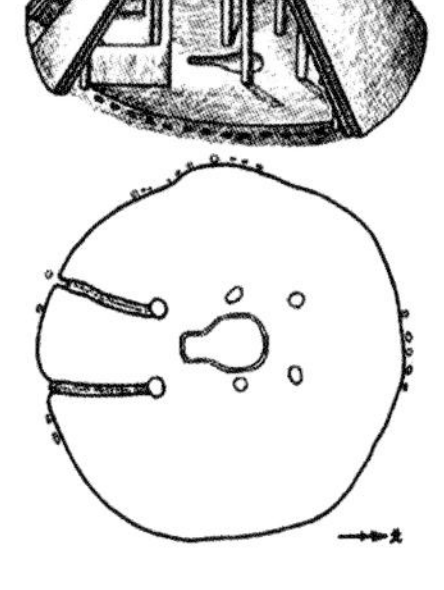

图 2-43 王怡满 旧石器时代建筑类型

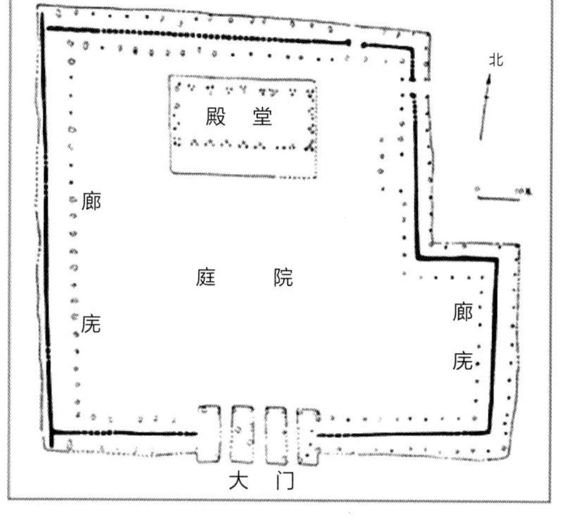

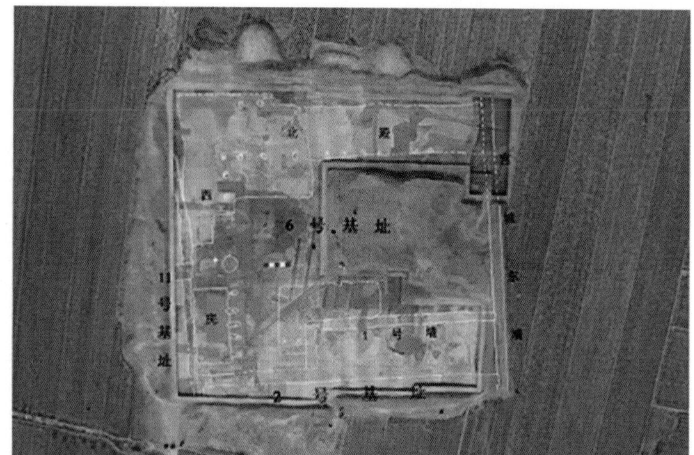

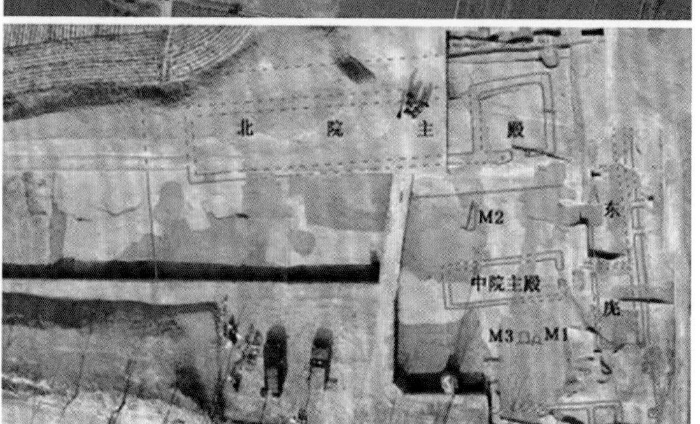

图 2-44 上图：二里头遗址，下图：殷商宫殿遗址

工匠们使用矿物或植物颜料对建筑进行涂绘。此外，用于铺地的花纹砖上的彩绘图案与颜色也日渐丰富（图 2-45）。

秦汉时期的建筑艺术得到了蓬勃发展，秦代有令人瞩目的宫殿、城墙、陵墓和长城。此时的建筑平面依旧方正，就算有变化也是由矩形延展而来，但在纵向上有所发展，可筑两至三层楼。该时期建筑的木构件——“藻井”彩画多用于建筑中木构件的顶界面，形如伞盖，颜色鲜艳，装饰性强。汉代的画像石与画像砖非常精美，在创作题材上多是神话传说，如伏羲和女娲的传说等；也有日常生活、生产的场景，如渔猎、宴饮、歌舞等；还有自然风光、历史故事及历史人物等。汉代定型了中国特有的斗拱式建筑结构（图 2-46）。

经过南北朝、隋、唐前期的发展，砖石结构的建筑逐渐兴起，其类别主要是地下的佛塔、桥梁、墓室等。木结构建筑则越发注重细节，造型手法更为细腻，工匠们开拓出了更多木构件的艺术表现手法，屋顶则做成凹曲屋面和起翘翼角，称为庑殿、悬山、卷棚、歇山、攒尖等。唐代的宫殿屋顶使用经渗碳处理的黑瓦，用黄色、绿色琉璃做屋脊和檐口，色彩鲜明，和屋身的朱柱、绿窗、白墙形成唐代最经典的建筑物色调（图 2-47）。

唐代的建筑风格对朝鲜半岛和日本产生了深远的影响，如日本奈良时代的都城平城京和宫殿、寺庙等。木架草顶是日本建筑的传统形式，房屋采用开敞式布局，地板架空，出檐深远。居室小巧精致，室内木地板上铺设垫层，通常用草席做成榻榻米，用于坐卧起居。韩国的传统建筑规模不大，朴实整洁，房间紧凑，装饰也比较简单（图 2-48）。

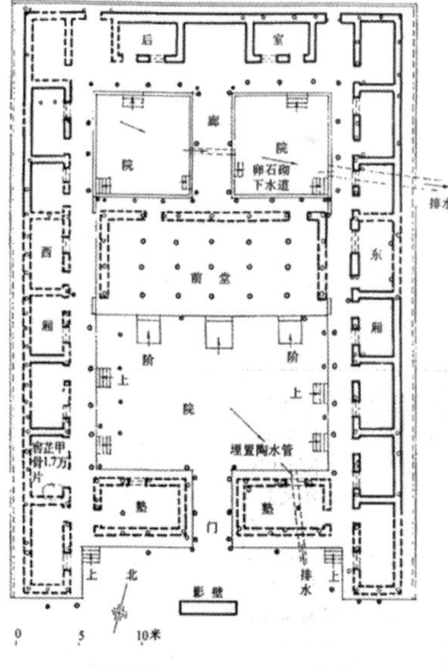

图 2-45 陕西岐山凤雏村西周遗址 覃晓亮 王怡满

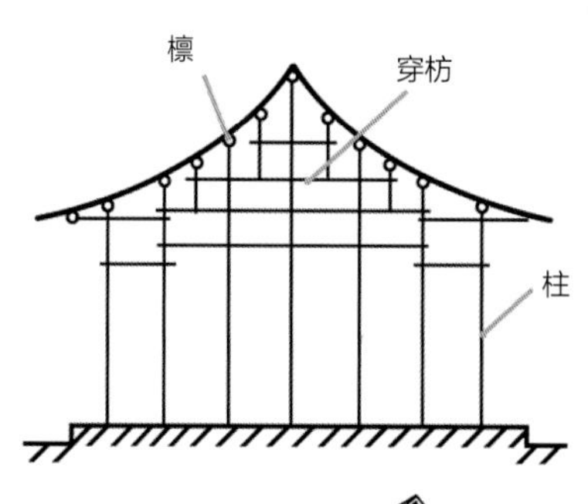

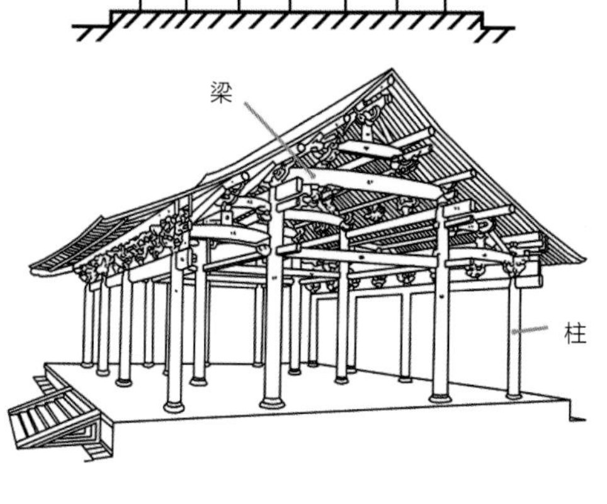

图 2-46 谢琦琦 林潇 斗拱式建筑结构

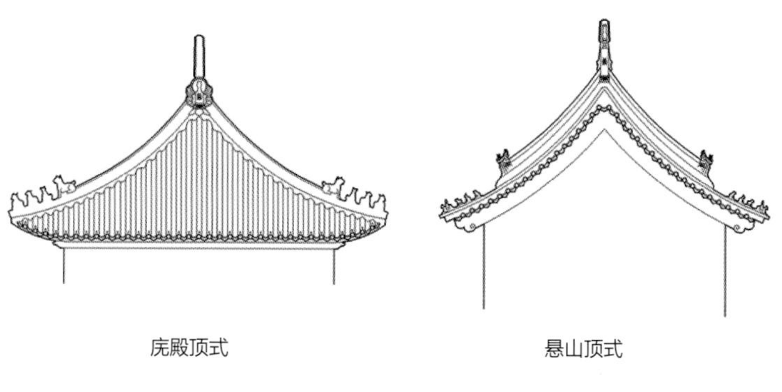
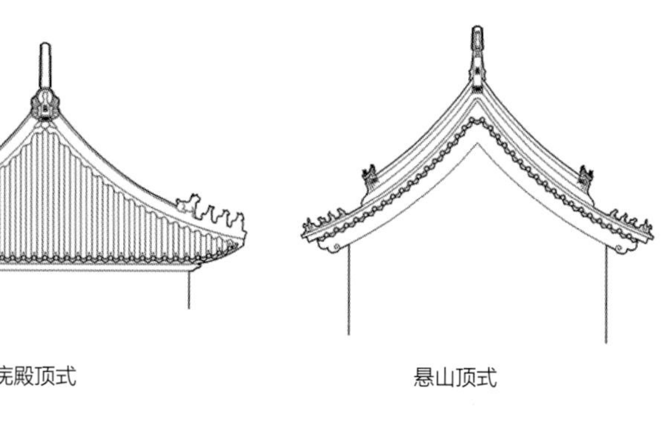
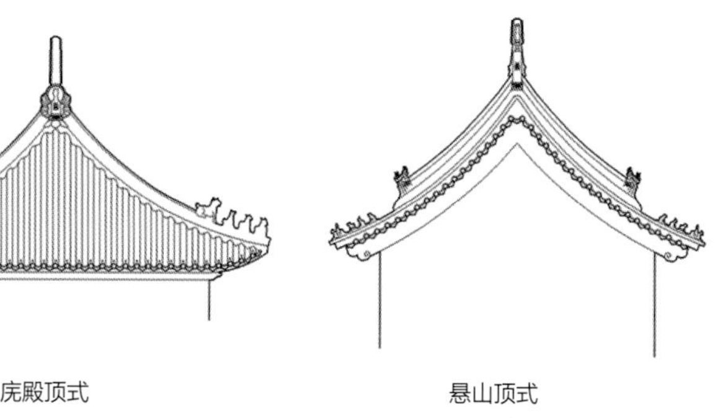
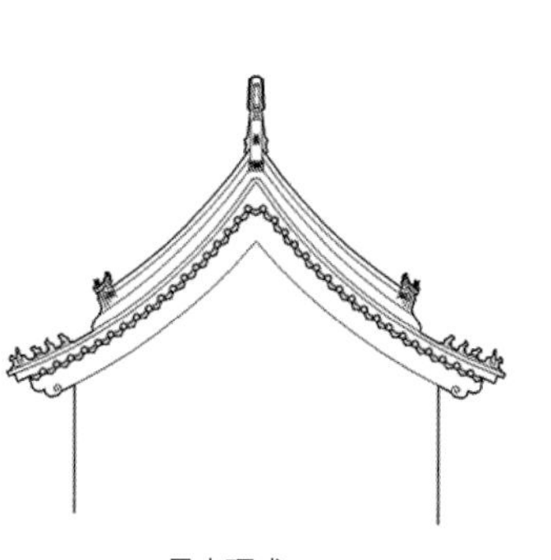

图 2-47 谢琦琦 林潇 唐代建筑物结构样式

宋代的建筑艺术取得了空前的成就。当时的城市以中轴对称的格局进行规划，商业街、文教建筑、宗教建筑、园林应有尽有，其中尤以园林蔚为壮观。这一时期，木结构建筑已经形成了相对完善的体系，平面形式变化更多，屋顶组合穿插错落，立体轮廓富于变化，同时以多种类型的彩画、雕饰、门窗进行装饰。斗拱在木构建筑上的运用技法和样式已臻化境，后世的中式建筑都以斗拱为梁柱交接的节点（图 2-49）。

宋代的砖石结构建筑类型丰富，建筑物的台基、栏杆、柱础等部位也会用到石材，更大型的建筑还有石塔、石碑、望柱、华表等（图 2-50）。元代的宫殿采用了蒙古帐殿和汉地建筑相结合的形式，主要的建筑是汉地传统的木构架、琉璃瓦屋顶式样，其间散布着许多蒙古帐殿（图 2-51）。明代统治阶级加强了对外贸易，经济实力的增强催生了更多建筑类型，大规模的宫殿、坛庙、陵墓和寺观纷纷落成（图 2-52）。从明代开始修建的位于福建龙岩、

图 2-48 邓碧莹 韩国的传统建筑

图 2-49 宋代斗拱在木构建筑上的运用

图 2-50 吴静 宋代砖石结构的建筑及其在游戏场景中的运用

漳州和广东潮州等地的土楼别具一格（图 2-53）。

清代建筑受到天然木材日渐匮乏的影响，逐步增加砖石等建筑材料的应用比例，因而建筑外观发生了变化。在建筑装饰方面，砖雕、木雕、石雕技艺被广泛应用，图案愈加繁复。因格外注重装饰，故建筑物上的彩画、小木作、栏杆、内檐装修、雕刻、塑壁等都非常精美、考究（图 2-54）。在清代建筑中，最为普遍的是庭院式民居，中国北方的四合院就是最典型的庭院式建筑（图 2-55）。

藏族民居俗称碉楼，既可作居住用，又有御敌防盗的功能。清代的统治阶层信奉藏传佛教，所以在宗教建筑中，藏族建筑占据主流地位（图 2-56）。

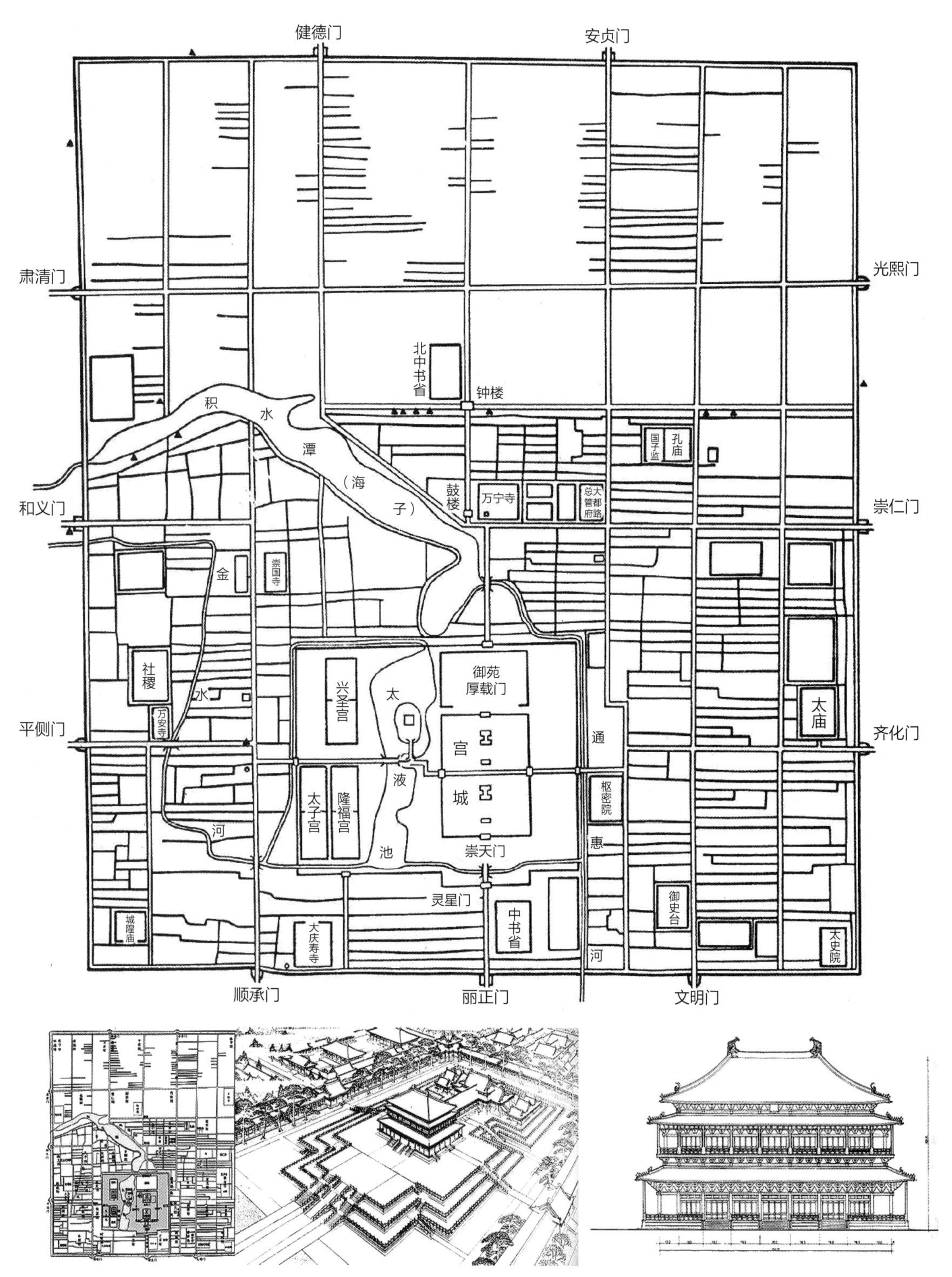

图 2-51 林潇绘 明代宫殿

图 2-52 杨曦 北京天坛

图 2-53 谢琦琦 福建土楼

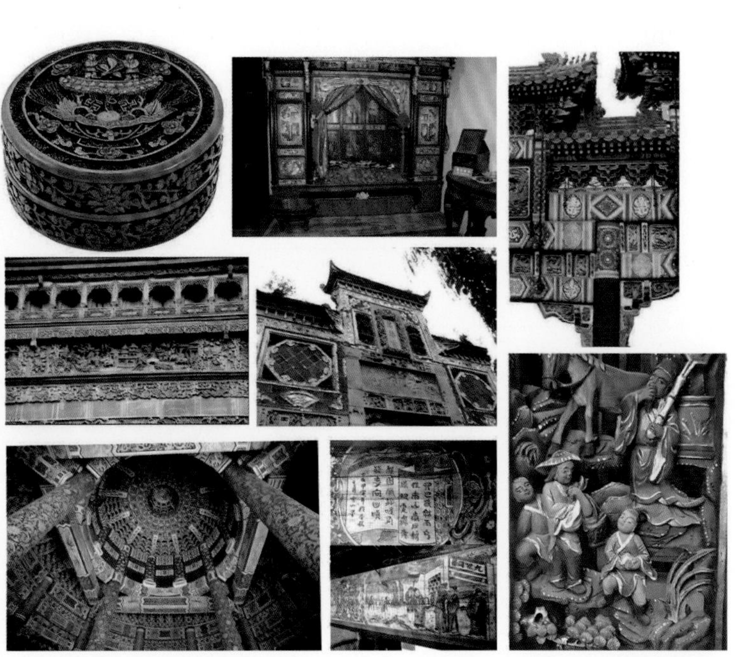

图 2-54 清代建筑装饰

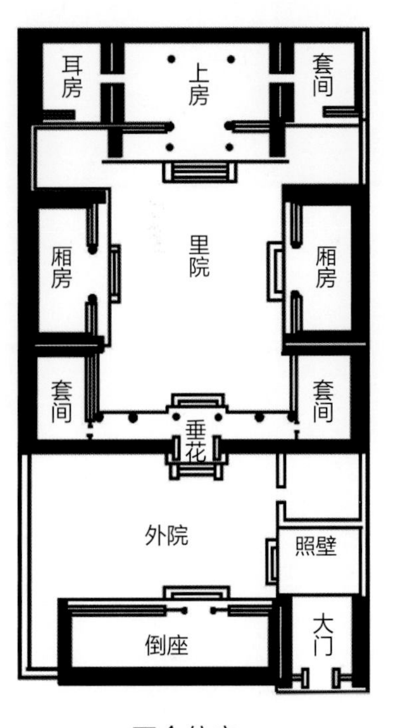

四合住宅

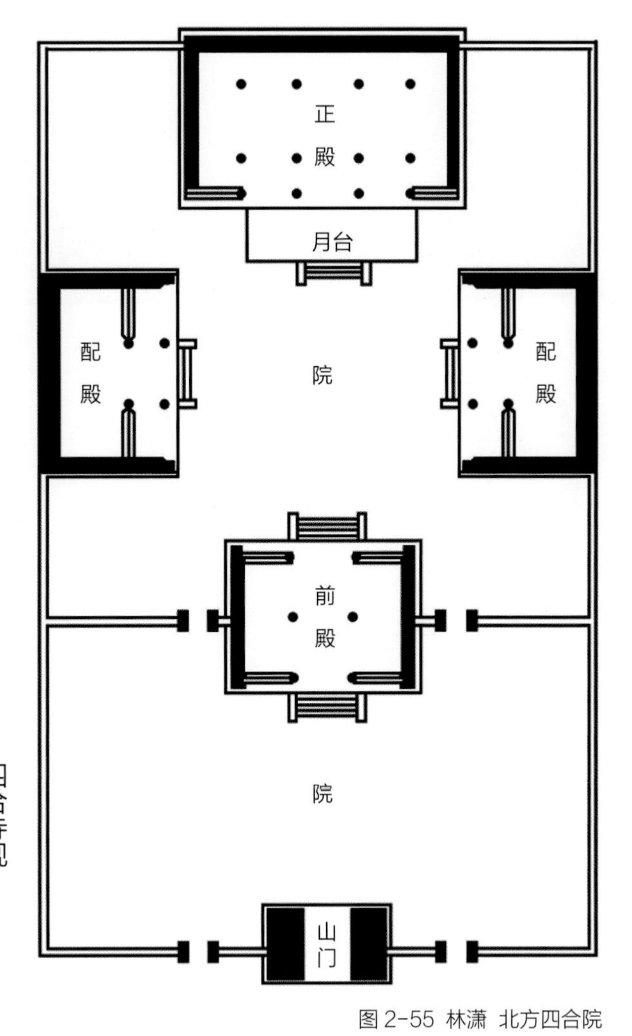

四合寺观

图 2-55 林潇 北方四合院

在清代寺庙中，还有一种儒释道三教合一的寺庙，即在一个寺庙内同时供奉孔子、释迦牟尼和太上老君。中国的清真寺在建造时吸收汉族传统建筑的技艺，采用了汉族建筑的封闭式院落式布局，有明确的轴线对称关系，还应用了牌楼、影壁、砖门楼、屋宇式门房等建筑形式（图 2-57）。

综上所述，中国古代建筑的艺术风格整体气派高雅，材料以木材为主，结构（柱、梁、枋、擦、椽等构件）以木架构为主，按照结构需要的实际大小、形状组合在一起（图 2-58）。

图 2-56 藏族建筑

2. 西方历代建筑

与中国传统的木结构建筑不同，西方的传统建筑多以砖石结构为主。西方建筑发展史是从两河文明开始的，古巴比伦帝国曾经是两河流域的明珠，代表了两河流域的建筑水平。古埃及建筑受到两河文明的影响，主要类型有神庙、陵墓、雕像（图 2-59）。

图 2-57 清真寺建筑

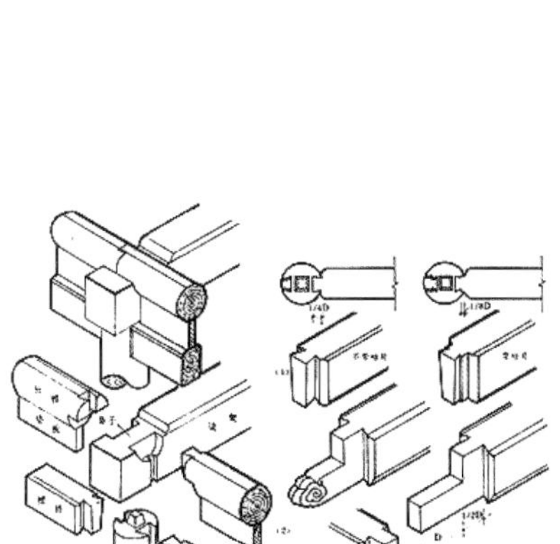

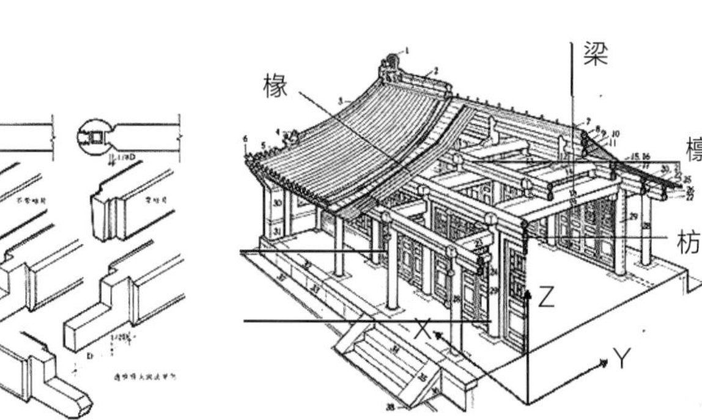

图 2-58 楼庆西 中国古代建筑结构图

古代美洲的玛雅人曾建造了上百个城市，其中最具代表性的神庙建筑与古埃及的金字塔结构基本相似，但塔座较陡，更加强调纵向上的透视关系，室内也有壁画装饰（图 2-60）。

古希腊是欧洲文化的发源地，其神庙及雕塑独具风格且影响至今，公元前 3 世纪出现的爱琴海建筑风格也是自成一派（图 2-61）。

古罗马建筑继承并发展了古希腊建筑的成就，在建筑形制、艺术和技术方面成绩斐然。建筑结构也出现了梁柱与拱券，类型有筒拱、交叉拱、十字拱、穹窿。古罗马帝国分裂后，又出现了富有特色的拜占庭教堂和基督教建筑（图 2-62）。

西方建筑自 12 世纪起逐渐形成了以法国为中心的哥特式建筑风格，其外形以尖券、尖形肋骨拱顶、陡坡屋面等为主要特点。15 世纪意大利文艺复兴时期，建筑领域提倡复兴古罗马时期的建筑形式，特别是古典柱式比例、半圆形拱券、穹隆顶等元素（图 2-63）。到了十七八世纪，欧洲开始流行巴洛克艺术风格，巴洛克建筑亦随之兴起，它在文艺复兴建筑风格的基础上添加了华丽、夸张的雕刻装饰（图 2-64）。18 世纪 20 年代兴起的洛可可风格则是对大众化审美的回应，这种风格自然、清新（图 2-65）。

从上文我们不难看出，西方各个时期的建筑形式与东方建筑大相径庭，虽然基本布局原理与建筑形式材料有相通之处，但建筑方式、施工材料、工艺流程都各有千秋，所以设计师要认真取证、合理想象。游戏设定的世界观往往是在虚拟的时空中，所以一些有特色的建筑风格与形式也应该为设计师所熟悉（图 2-66）。

在众多的佛教建筑中，以印度的最具代表性。柬埔寨是一个信仰佛教的国家，政教合一的特点使其建筑风格也呈现出浓郁的宗教气息。有别于佛教建筑，伊斯兰教的建筑多集群存在，穹顶、拱形，二方或四方连续纹样是其主要装饰元素（图 2-67）。

图 2-59 两河流域文明及古埃及文明建筑

图 2-60 玛雅文明建筑

图 2-61 李俊奕 古希腊建筑

图 2-62 杨曦 张靖晨 古罗马建筑

图 2-63 杨曦 彭竹 哥特式建筑风格

图 2-64 巴洛克风格建筑

图 2-65 周安妮 洛可可风格建筑

图 2-66 邓碧莹《傍晚的雪天》

图 2-67 杨曦 宗教建筑

码 2-5 游戏美术辅助知识

思考与练习

1. 思考题

（1）除本章提到的内容外，你认为学习游戏概念设计还应当了解哪方面的知识？

（2）游戏概念稿是插图吗？它们的差异性体现在哪些方面？

2. 练习题

（1）尝试通过分析现有的游戏概念稿去理解设计师的创作手法与创作意图。

（2）结合自己的专业知识，尝试临摹游戏概念稿。

3. 命题作业

（1）游戏概念稿临摹：选择一个具有中国传统文化背景和风格的游戏概念稿进行临摹，学习设计师创作时的思路与技法。

（2）命题设计：选择一个中国传统节庆主题，尝试进行时长 30 分钟左右的速涂表现。

4. 命题作业的实施方式

（1）以大色调练习为主，无须深入刻画。

（2）作业规范与制作要求：作业尺寸为 1920 像素 ×1080 像素，分辨率为 150 dpi，用电脑软件全彩制作。保留图层，完成后提交电子稿。

CHAPTER 3

第三章 |

游戏概念稿创作

第一节　游戏概念稿的创作目的

什么是游戏概念稿？游戏概念稿主要指从游戏策划案的文本到图像的视觉呈现形式，它起到文字概念澄清的作用，是对游戏的整个人文背景和物质空间的综述。创作概念稿的目的是确定一款游戏的美术风格，着重表现游戏的氛围、世界观等。通过描绘物种、地理环境、人文符号、科技、服饰、道具、技能等元素来建构游戏视觉效果，它为游戏概念设计提供了创作方向和创作依据。概念稿内容包括对构图、色彩、光影方面的设想以及造型，其画面可能并不精致，但对于游戏的整体视效方案的实施起到了指引作用。创作的目的是说明空间结构、各单体建筑元素比例、色彩基调，其基本功能须考虑角色动线、交互功能区域、界面及动效方案的可行性，最终形成独特风格的游戏场景（图 3-1）。

当然，游戏美术风格并非判断游戏作品优劣的唯一标准，要完全了解游戏概念稿的创作依据，我们应协调游戏世界观、视觉系统、游戏系统的关系，三者相辅相成。

图 3-1 彭钥 丁碧云 游戏概念稿

第二节　游戏概念稿的视觉方案

一、构图

在游戏概念稿中，角色、自然景物、人工造景及道具等须以一定的形式安排在画面中，使画面能够表意、美观、有韵味（图 3-2）。构图要讲究主体物与环境元素之间的空间关系、视觉重量、色彩以及透视关系，好的构图能够引导游戏玩家的视线，使玩家有身临其境之感。当然，我们不能只把单纯的视觉享受放在首位，还要将世界观正确地表达出来。构图的实施方法灵活多变，各元素在画面上的位置都会对人的心理感受产生直接的影响。在二维画面中，图形的形态差异以及空间位置的变化都会形成一定的韵律感，而图形各自不同的运动方向（趋

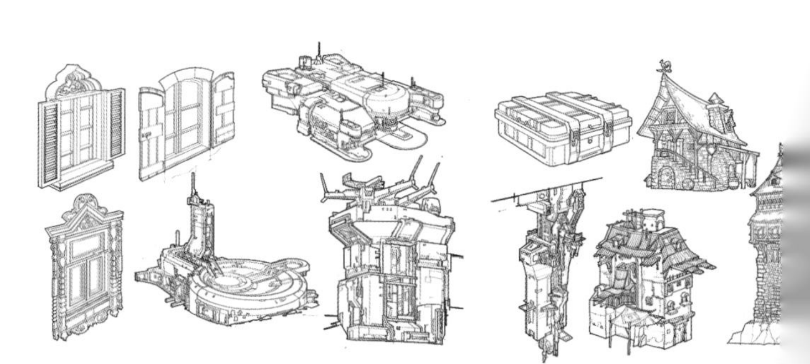

图 3-2 邓碧莹 朱柏宇 游戏概念稿中的元素

势）也会产生不同的视觉引导。理想的构图使人感到舒适，设计者要在正确运用对称与均衡、对比与和谐等形式法则的同时协调好物体的形状、大小、角度、距离等空间变化因素（图 3-3）。

S 形构图是最利于建构空间关系的构图形式，多用于表现河流、道路、铁轨等蜿蜒曲折的景象。场景中的主体以 S 形从前景向中景和后景延伸，这样的处理有利于加强画面纵深方向的空间表现。S 形构图具有利用曲线延展空间的优势，使画面产生韵律感。在创作开阔地势时，设计师首选的就是 S 形构图（图 3-4）。

码 3-1 游戏概念稿设计概述及设计依据

图 3-3 漆芷妤 构图

环形构图是极具向心力的构图形式，饱满而有张力，适合表现复杂的场景，使次要的景物有向画面中的主体物聚拢或靠近的趋势。在环形构图中，一般会有一个位于视觉中心位置的主体建筑，四周元素呈向中心聚拢的排列趋势，不过这些次要的场景或道具只起到将视线向主体牵引的作用，不论它们如何复杂或向四周放射扩散，都不能削弱视觉中心的主体建筑的表现力。环形构图有极强的主题性，视觉中心突出，能起到强调角色速度感与突出性的作用（图 3-5）。

基础练习中最常见的是三角形构图，这是一种既稳定又能有效表现空间形态的构图形式。在绘制游戏场景的时候一般会采用这种构图形式，以使有限空间内的物体看起来井然有序、错落有致（图 3-6）。其中，三角形金字塔式构图给人以稳定、雄伟、崇高的感觉；倒金字塔式构图则给人带来摇摆不定、不稳定的感觉；左低右高的不对称三角形构图，给人以向前、运动的感觉，这也是设计师运用得最多的一种构图形式。

图 3-4 希施金 列维坦 S 形构图

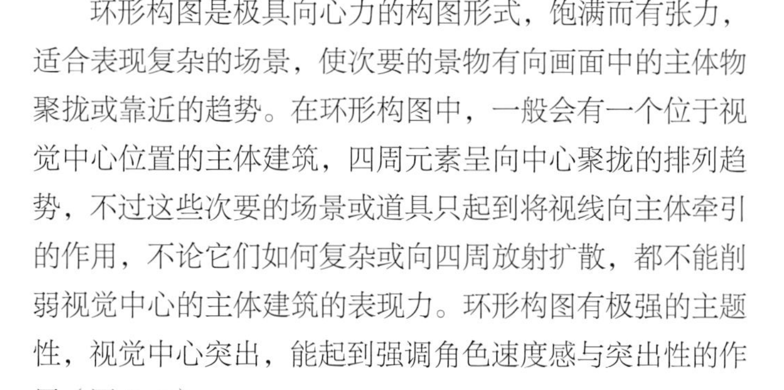

图 3-5 肖何 姚棱 环形构图

图 3-6 朱立朴 三角形构图

当然，除以上三种最为常见的构图形式，设计师还可以根据需要将更多的构图形式运用在游戏场景中。例如，在中国的传统绘画中，场景的构图形式除对景物的客观描摹外，作画者自身立意也会在很大程度上左右画面所表现的内容，即并非完全照搬客观存在的景物。唐代张彦远在《历代名画记》中说的“意存笔先，画尽意在”，意思是开始绘画之前需经营位置，胸有成算。基于这样的创作思路，我们可以在中国传统绘画中看到，除几何形构图形式外，还有水平线、倾斜线、自由式、层叠式等形式。中国传统绘画讲求主次、远近、疏密、对比等手法，力求将作画者的意图甚至个人志向表达在画面之中，意境悠远，远不止于看上去“好看”（图3-7）。

图 3-7 传统中国画的构图形式

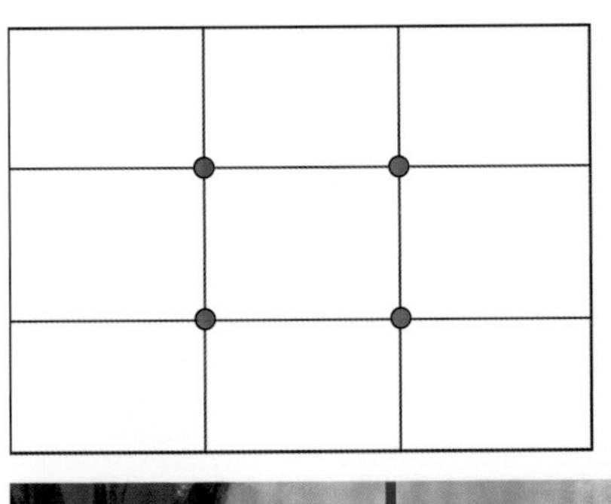

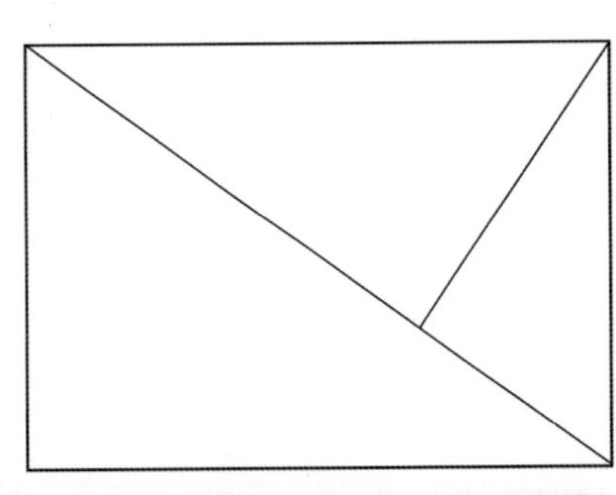

图 3-8 高奇 确定视觉中心点

二、视觉焦点

在构思画面时，各元素大多是以非对称的形式排列、组合在画面上，设计师根据要求，把要表现的单体元素适当地整合起来，从而构成一个协调、完整、具有美感的画面。如何在画面中安排各单体元素的位置呢？首先是寻找视觉中心点。我们可以对画面的长、宽进行三等分并画线形成“井”字形，把主要元素安排在左右两边的四个交叉点上。视觉中心是最佳的视觉位置，也是最容易吸引人的审美点。三分法是一种简化的“黄金比例”分割，如果画面中有多个主要元素，设计师要尽量避免将这些元素都放置在黄金分割点上，否则画面会出现焦点冲突的问题，从而导致逻辑秩序混乱。设计者要根据各元素的主次关系来调整各元素的占比和位置（图3-8）。

码 3-2 游戏概念稿视觉方案

第三节　游戏概念稿的形态指南

一、人文要素与图示

人文景观是场景创作中必不可少的元素，甚至有时候它们会占很大比重，是人类创造力和社会生产力水平的集中体现，能够最大限度地反映人类文明程度，在场景设计中最能体现文化的区域化特征（图 3-9）。游戏概念稿中的人文要素包括人造场所的整体环境、建筑特征、空间布局等，通常在游戏的主场景中会有一个或多个建筑群、功能性建筑、道具等。我们无法尽述游戏中出现的人文景观，下面列举常见的四个类型做简要介绍。

图 3-9 邓碧莹 人文要素

图 3-10 刘京麟 杨浩洋 人文要素——宫殿庙宇

1. 宫殿、庙宇

宫殿和庙宇能够反映出文化的发展脉络与建造者的精神追求，可以体现出当时社会的物质文明程度。宫殿是帝王朝会和居住的地方，规模宏大，形象壮丽，格局严谨，给人以强烈的精神感染力，能凸显出君权神授的尊严。其占地广，呈中轴对称，规整严谨，常以建筑群形式存在（图 3-10）。

2. 园林、庭院

场景中经常出现的人文景观有园林、庭院等。随着社会阶层的分化和生活品质的提升，人们对居住场所的内外造景更加考究。园林造景可分为两大类：软质的，如树木、水体、风雨雾、阳光、天空等；硬质的，如铺地、墙体、栏杆、景观小品等。一为自然形成，二为人工造就。亭、台、楼、榭等单体建筑物及附属场地、植被等则划归为庭院，是为住所中的人提供广阔的室外空间。不同地域、文化背景下的园林、庭院皆不相同，其间可体现标志性的文化符号，也可呈现出融合相交的状态（图3-11）。

图3-11 高奇 人文要素——园林、庭院

3. 居所、通道

游戏的美术中不乏角色所处之居所和行走所需的通道，居所作为角色身份的物质认证，须符合其所处社会阶层、职业、习性，不同地域的居所规模、建筑式样、建筑材料、纹饰色调等各不相同，都应体现出与角色及世界观相符的特征。不论是重考据的现实主义题材的作品，还是虚构的嫁接性时空关系作品，其居所都隐含着角色信息。例如，在一个中国传统题材的游戏作品中，角色所处的院落、房间、走廊、通道等都须基于某个真实对象进行设计，其空间布局、建筑式样、材料工艺都必须与史料契合（图3-12）。游戏作品时常有超出现实体验的部分，但即便这样，也应当先对人类某段历史或某种生物环境进行调研、考证，然后再进行合理的组合、重塑（图3-13）。

图3-12 成诺 人文要素——居所、通道

4. 雕塑、装置

作为游戏环境中的人工造型作品，雕塑、装置等能很好地展现游戏世界中的意识倾向、物质文明程度、审美趋势、文化符号等。这些用各种材料创造出的可视、可触的造型作品反映着所处时代的工艺水平、物质追求。它们从劳动实践中生发，逐渐显现出人类精神层面与认知能力的提升，随着思维能力和审美意识的提高而愈加美观

图3-13 彭钥 人文要素——居所、通道

（图 3-14）。受生产技术的影响，不同历史时期的作品会呈现出不同的形态，如中国古代石窟造像大多曲线粗犷豪迈，厚重沉稳。主要原因：一是审美需求的不断提升，二是受到技术处理方面因素的限制。彼时，由于佛教功能的需要，需塑造体积庞大的塑像，这种塑像很难用木架制成，因此采用石胎泥塑的方法完成。今人看来，这种造型风格实则也是受工艺、材料的限制形成的。

二、自然要素与风格

大自然千变万化，所有物质元素都有自己的形态与质感。游戏概念稿中会出现地理风貌、生态环境等元素，设计师需基于自然特征对其造型风格进行推演（图 3-15）。游戏世界观的地理位置决定了气候特点、地形地貌，如层峦叠嶂的山峰、浩瀚无边的大海、秀水明山的村落、虚无缥缈的天空等。

风、雨、雾、电、雪等都是拥有各自自然属性的天气现象。在游戏作品中，我们可利用这些要素来营造场景氛围。在原本视觉感受一般的游戏场景中，添加这些气候现象可以营造出更加生动的游戏氛围，从而增强画面的感染力。在一些特定的情景设定中，气候条件能突出游戏作品的调性并增强玩家的代入感，例如在解密类游戏中运用迷雾来营造扑朔迷离的氛围。在风、雨、雾气候条件的作用下，物体的表象特征会被弱化，往往会给人带来压抑感。设计时，根据剧情需要适当地添加这些天气现象，能取得良好的画面效果。在图 3-16 两幅作品中，雾的运用赋予了整个场景一种独特的氛围，使其变得神秘而难以捉摸。同时低明度的色调，传递了一种独特的情感，使整个画面仿佛在讲述一个无法言喻的故事。

图 3-14 高奇 人文要素——雕塑、装置

图 3-15 张紫璇 邓碧莹 李烽加 游戏概念稿造型风格推演

图 3-16 张怡婷 雾在游戏场景中的运用

1. 山川、道路与植被

场景中的地面元素能起到丰富画面细节、交代地点坐标的作用，由于经纬度的变化，地球上不同地区的植物、水体、土壤、岩体等都各具特色，善加利用能帮助玩家去探索游戏所表现的地域。巍峨或缓缓隆起的山脉，湍急或蜿蜒流淌的河流，石块或泥土铺就的通道，充满生机不断净化空气的森林……万种风貌有万般风情，设计师在设计时首先务必对原始资料中的地质情况、生态环境、生物种类等进行考据，然后再进行创作（图 3-17）。

灌木与水景是最常见的场景元素，作为构景的基础层，设计师常将静态的灌木丛与动态的流水结合起来表现，相映成趣;土壤与岩层大多被灌木、水体所遮挡，但些许石块、岩体也会穿插、裸露在草地、灌木丛甚至是树木之间，因此、石头的表现也是很常见的；树木由于具有普遍的高度优势，在场景中属于过渡层，与基础层同为可交互角色或道具的陪衬，亦是表现地理、气候环境的主要元素（图 3-18）。

图 3-17 邓碧莹 彭钥 梁圣钰 基于原始资料进行再创作

图 3-18 林潇 刘可凡 灌木与水景表现

2. 环境与空间

游戏中会涉及大量的户外环境，设计师可利用自然地形的落差、路径的弯折等来强化地形的变化。对于游戏场景而言，地形最基本的功能就是塑造空间，地形的起伏变化不仅形成了山脊、山顶等突起的制高点，同时也形成了洼地、谷地等线性延展的空间。地形在空间塑造的过程中起到了决定性的作用，常常成为空间的骨架，影响场地的特征与氛围（图 3-19）。

除了塑造空间的功能以外，游戏场景的整体环境还起着承载角色运动、引导视线和丰富玩家体验等作用。游戏场景中很少只涉及单一建筑，为了符合游戏情节、满足用户数量的需求，游戏场景往往以建筑群的形式出现。若是单体建筑，只需合理划分自身结构和功能区即可。为满足主题需要，游戏场景中的建筑群要具有合理的造型、分区、动线设计等（图 3-20）。

3. 时间与生物

人们根据一天中太阳照射角度的变化而划分出不同的时间概念，如日出、白昼、黄昏、日暮。不同的光线角度以及色温会直接影响自然景观的光影造型和色调，从而给人们带来不同的心理感受。一天中，太阳颜色会根据其在天空中的位置变化而发生变化，即在红色、橘色、黄色、白色之间转变。太阳光颜色的改变主要是由大气层的反射作用造成的，白天景物的造型主要依赖于自然光源，白天自然光源色温较高；阴

图 3-19 彭钥 环境与空间表现

图 3-20 朱峰 游戏场景中单体建筑的空间划分

天会给人带来压抑的视觉感受，晴天则给人带来清爽又希冀无限的视觉感受；黄昏时的自然光源色温低，会使景物产生浓郁的画面影调和长长的投影。就色温感受来说，人类的大脑在高色温照明下会比较活跃，在低色温照明下则比较迟缓。当然，天气现象和时间概念在塑造自然景观与画面效果时会有交叉融合，往往是配合着出现在画面中的（图 3-21）。

图 3-21 朱立朴 高奇 邓碧莹 天气与时间共同塑造游戏场景

图 3-22 高奇 写实的造型风格

生物元素基本只是作为整个场景的点缀而存在，它们的存在能够使玩家更加确信他们所看到的视觉信息。因为不同的人、动物、怪物和植物都处于不同的地域环境中，所以虽然这些元素在构图上无法占据大部分画面空间，但传递的信息量仍非常大。仅有景物的场景会显得毫无生气，若是加入具有不同地域特点的人、动物、怪物和植物，便能使场景鲜活起来。

4. 写实与抽象

写实或抽象不过是造型客观性的程度变化，写实的造型风格讲求真实的造型轮廓、结构、比例和细节，当然这种真实也是相对的、有限的，并非一比一还原，而是力求在材质、肌理、结构转面关系等的表现上更贴近现实生活。写实类的造型与现实体验并无太大差别，容易使人产生认同感，不过在设计感与趣味性上稍显不足（图 3-22）。在游戏中抽象的造型运用广泛，它强调具象形的简化和提炼，夸张、变形、凝练是其特点，并且通常采用精致而巧妙的符号化处理。线面结合的造型适合简洁的图块化场景，强调线面分割的平面关系而弱化体积关系的表达，在色彩的搭配上也更加强调装饰性（图 3-23）。

符号化的造型不仅具有亲和力，而且不会分散玩家的注意力。强调造型趣味和色彩搭配的设计也为游戏产品的后续开发预留出更大的空间。如图 3-24 所示，塔防类休闲游戏，设计者根据游戏的运行机制，在最底层的远景设计上做了平涂化处理，中景的单体建筑风格也处理得比较简洁，以突出敌人的运行路径。

图 3-23 程希 张紫旋 网易青龙工作室横版动作游戏《斩魂》

第四节 案例实践

概念稿的工作流程大致为：文案解读—资料整合—草图创意—筛选并调整—深入刻画—完成。设计者在拿到游戏文案后首先应确立故事背景、美术风格、建筑特色、地域风貌等细节，对其进行分析之后，即可着手进行文字与图片资料的收集（注意：这是一个思维发散的过程，需要大量的资料支撑）。资料收集结束后对其进行整合并绘制成草图。接下来，对草进行筛选和整理，然后进行深入刻画，直到完成。

图 3-24 程希 塔防类休闲游戏

一、前期工作及设计

很多初学者在创意阶段就开始盲目地创作，有了一点头绪就开始深入，最后却发现不得要领，不符合设计需求。正确的创作过程应该始于带有目的性的素材收集、整理，再依据素材绘制概念草图。这个阶 段的草图创作时间一般控制在几分钟即可，然后在草图中选择一个或几个合适的概念稿进行塑造、细化。草图不仅能将项目的模糊概念快速表现出来，而且能为日后项目的完善提供一些替补方案。在绘制草图的时候，要注意构图、轮廓及观察角度的选择，一个好的构图就预示着创作成功了一半。场景构图应讲究空间感、层次感和节奏感，并符合透视。游戏场景中的景观层次太少会显得单调，太多又易琐碎，将大致的远中近景处理好，再确定视觉中心，就能把握好画面的节奏。图 3-25 构图十分巧妙，采用了斜角镜头，打破了画面的平衡性，释放出一种不安和超现实的感受，进一步加强了画面的紧张氛围。

图 3-25 张怡婷

在绘制场景中的建筑时，不同的空间形态给玩家的心理暗示也是不同的。高而直的空间有向上延伸、升腾、神圣的感觉，例如在绘制教堂、塔的时候可以用仰视的角度来增加画面向上的空间延展性。高而宽的空间给人稳定、宽敞、博大的感觉，例如大殿；圆形的空间会给人带来圆滑、柔顺之感，有向内收缩的凝聚力，例如洞穴、歌剧院；三角形的空间有倾斜、压迫的感觉；四方形空间给人凝重、安定、坚固的感觉（图 3-26）。了解空间造型给玩家带来的心理感受能帮助我们在设计的过程中多加入一些理性思维。

图 3-26 马鑫昊 陶护云 林婷婷 不同的空间形态给玩家带来的不同心理暗示

二、筛选及深入刻画

如果说草图设定是通过大脑纯感性地把资料素材绘制出来的话，筛选、整合则是理性地思考，它是对场景中不合理的内容进行重新绘制、组合的过程。资料整合完成后，开始进行深入刻画，设计师要学会引领玩家的视线，带动玩家去观看作品。因此，不能将画面中的每一个细节都处理得很细致或者很概括，场景中的物体要有主次之分，这样画面才能有虚有实。现在，很多设计师会用三维建模的手段进行辅助设计，手绘和三维建模两种方式没有孰高孰低，皆是将文本进行图像化处理的一种手段（图 3-27）。

图 3-27 何骞 三维建模手段辅助设计

案例 1

张怡婷的《地外星球》系列作品从头脑风暴到概念稿的完成过程，向我们展现一个完整的创作思路。因为主题是虚构的，所以设计师可以尝试从多个角度对游戏的世界观进行构想。图 3-28 第一个主题是人类对地外文明的探索，文本假设了三位人类科学家被派遣到一个资源枯竭的星球进行水源探测的故事。设计师根据线索，用沙漠地貌进行表现，最终展现了三位科学家通过一个地下隧道进行科学探索的场景。设计师不仅以不同的角度、景别、光影形式对脑海中的文本进行了具象化表现，还对这一情境下可能发生的情节进行了表现。在此环节，设计师快速地描绘出脑海中浮现的所有画面，充分的尝试是将文本图像化的关键。图 3-29 第二个主题表现了一个被外星异形占领的星球，近景表现的是主角行至异形的巢穴前查看的情景。设计师通过经过改造的建筑、各种建筑物上附着的黏液、怪异的坑洞

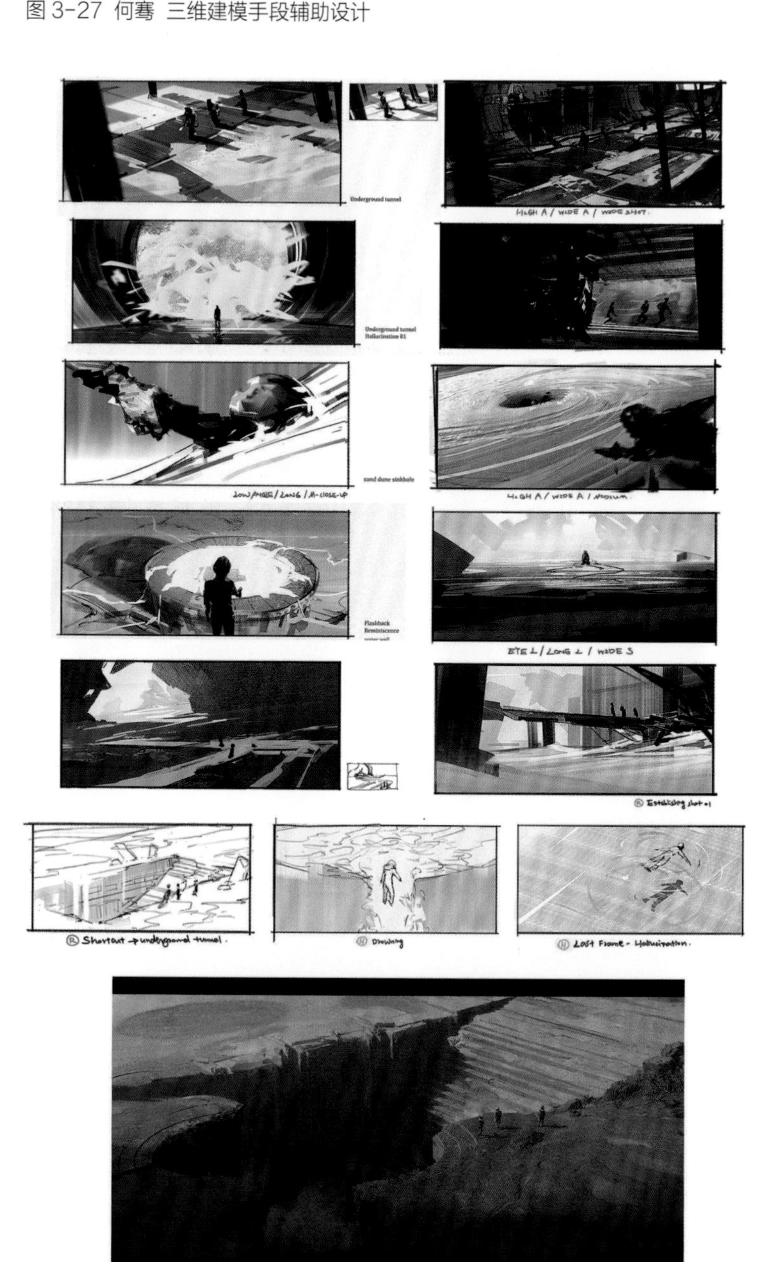

图 3-28 张怡婷 《地外星球》主题一概念稿

和地质结构及远处残破的人工建筑等细节来表现这一主题。这一系列概念稿展现了从构图、叙事、灯光到最后选定最佳方案并予以细化的全过程。通过调查获取的独特色彩搭配方案使这两个场景展现了地质环境的荒凉之美，同时传达出一种苍凉的画面氛围。

案例 2

朱柏宇的《古思尔德》系列作品表现的是一个虚构的地外文明，由于游戏关卡中会出现 4 个不同的城市，每个城市都隐藏着不同的戏剧冲突，设计师用不同风格的建筑及环境塑造每个城市的特色，以增强玩家的体验感与探索欲。首先，设计师根据文字方案设计了 4 个迥然不同的人文及自然景观，这是实现 4 个游戏关卡时空表达的基础；而后，为了扩大空间感受的张力，在素描关系方面设计师强调了前景与远景层次的体量、光影对比关系；在草图清稿后，设计师对每一个关卡的色调进行了处理，使每一个关卡的场景具有更高的辨识度。当然，这看似寻求差异性的处理手法并非刻意而为，还需参照每个关卡的场景诉求进行设计（图 3-30）。

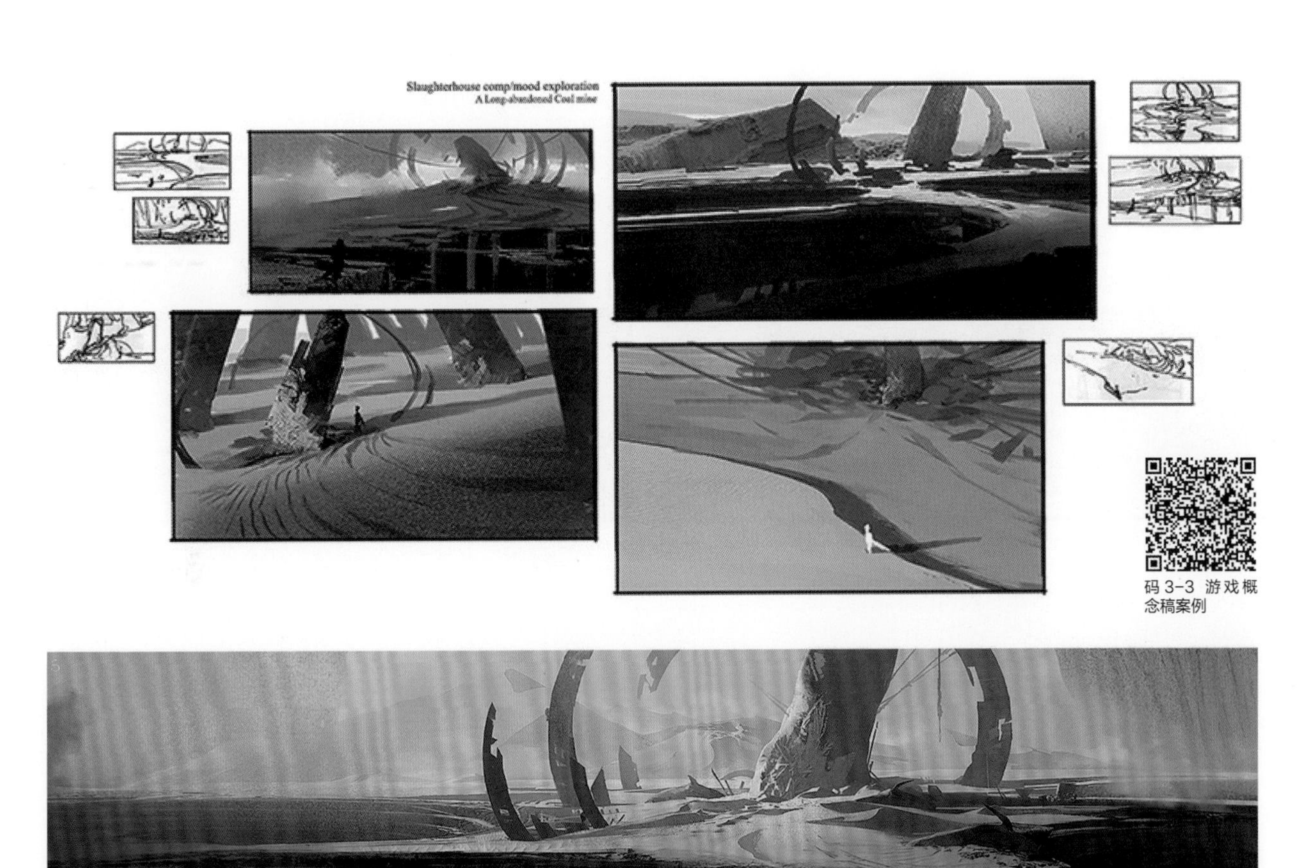

码 3-3 游戏概念稿案例

图 3-29 张怡婷 《地外星球》主题二概念稿

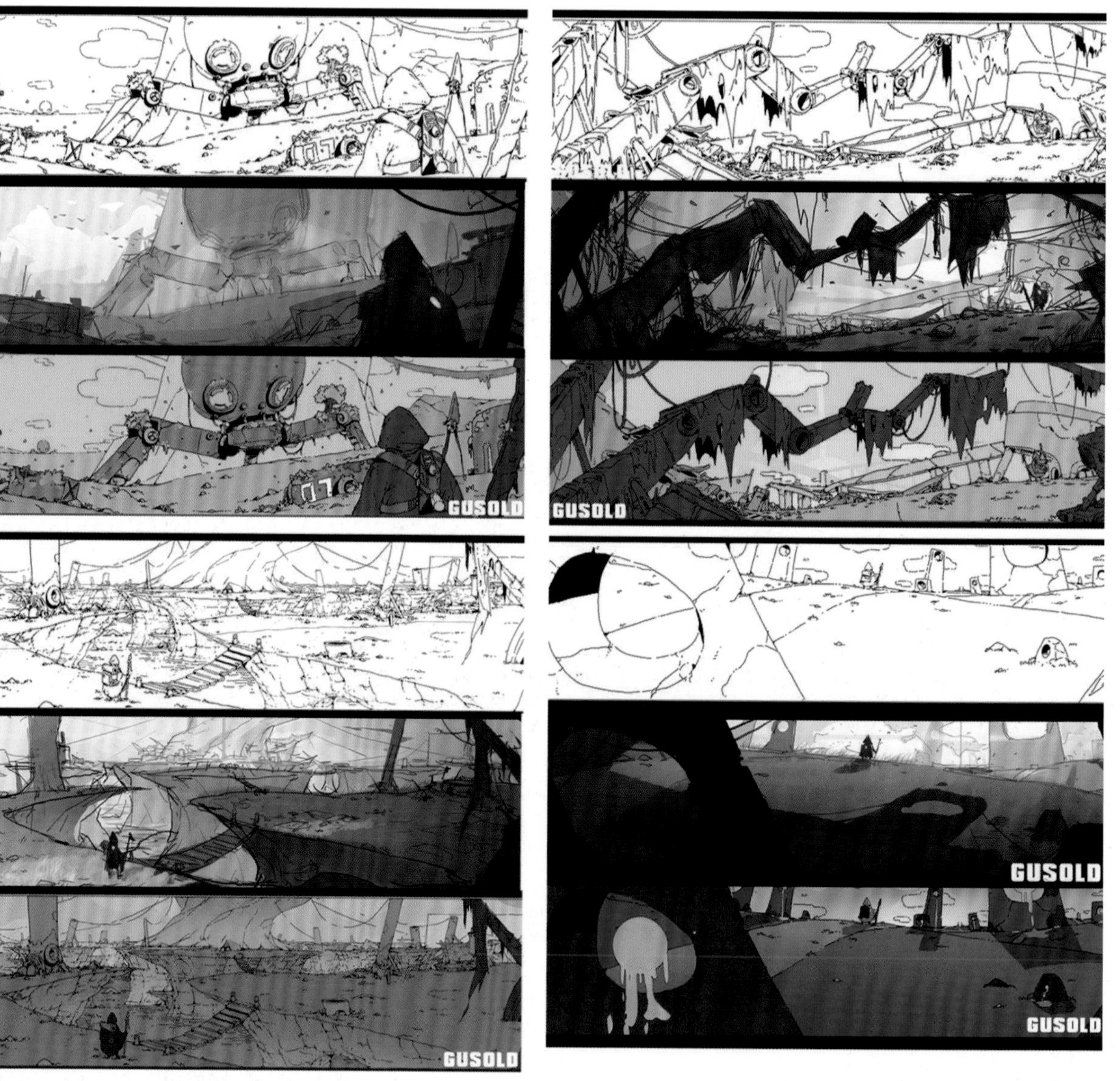

图 3-30 朱柏宇 《古思尔德》概念稿

思考与练习

1. 思考题

（1）光影关系对游戏概念稿的影响有哪些?

（2）绘制游戏概念稿的注意事项有哪些?

（3）如何从设计上体现文本中的世界观?

2. 练习题

（1）尝试练习不同光源的氛围图。

（2）用游戏引擎或三维建模方式辅助搭建游戏世界的布局并进行光影表现。

3. 命题作业

（1）世界观概念设计：以多种时代背景及地域为依据进行氛围图创作。

（2）具体要求：选取不同的时代、地域和气候特征进行概念稿创作，创作时可选取仰视、俯视、平视等不同的表现视角。

4. 命题作业的实施方式

（1）以大色调练习为主，无须深入刻画。

（2）作业规范与制作要求：作业尺寸为 1920 像素 x1080 像素，分辨率为 150 dpi，用电脑软件全彩制作。保留图层，完成后提交电子稿。

CHAPTER 4

第四章 |

游戏角色概念设计

教学导引：

任何一部游戏作品都要有一个明确的主题，在此基础上情节才得以展开，而情节展开的主要依靠角色的表演。角色设计可谓是“概念设计”中最为核心，也是最复杂的工作，除了人物的造型外，还要兼顾人物的表演、服装、道具等。

第一节　角色设计的功能

什么是游戏角色呢？它是玩家在游戏时的身份图示，可以是人物、动物、植物等任何能使玩家带入的物化形象。构成角色的要素是造型、配色、道具、个性、演绎方式等，这些要素共同构成了引导玩家进行交互体验的角色（图 4-1）。

一、文化脉络与角色呈现

在设计角色时，首先要理清角色的资料，其造型通常源于作者以往的生活体验和独有的个性，这些“过往”形成了角色的内在性格，影响着其外在形象，即角色的形体、五官、服化风格、行为方式等（图 4-2）。逻辑上角色的行为方式来源于内在的需求和观点，因此设计师在创作时通常从角色的内在经历入手，策划人员会对角色属性提出各种疑问。例如角色是何物种？是男性还是女性？出生在哪儿？其家人的职业、个性是怎样的？他经历了怎样的童年？有怎样的性格特征，是开朗、外向，还是谨慎、内敛？他与亲友之间的关系如何？……如果从出生开始，对角色进行系统的推敲，那么角色的“画像”便能在设计师脑海中逐步清晰起来（图 4-3）。

在塑造角色的时候，首先要确定角色的成长背景与行为诉求。在游戏体验中角色的需求贯穿首尾，并决定着角色的行为，因此我们要根据角色的出生地、成长经历等进行设计，包括形态、行为方式、表演风格等。游戏中的角色都有不同的职业和类别归属，故表演和行为方式也有所不同，每个职业都

图 4-1 张怡婷 角色设计

图 4-2 刘远 角色外在形象

有其独特、明确的行为方式和特征，从而帮助玩家来区分角色的职业和种族（图 4-4）。其次，要明确角色的三观。每个角色的人生观、价值观、心理动因都不同，我们要想办法使角色的行为支撑其观点，例如法师使用法术来救死扶伤或者上阵杀敌，那么这种技能的文化依据、属性、应用场景等都是需要考量的。角色的内在因素也影响着其造型特点，多元化的文化背景及成长经历造就了差异化的角色外观（图 4-5）。

在角色设计开始阶段，设计师要绘制多套概念草图，以推敲角色的种类、外轮廓、体量、姿态、性别等。草图可以帮助设计师将脑中的想法快速呈

图 4-3 张怡婷 角色概念设计

图 4-4 角色塑造要点

码 4-1 游戏角色设计概述

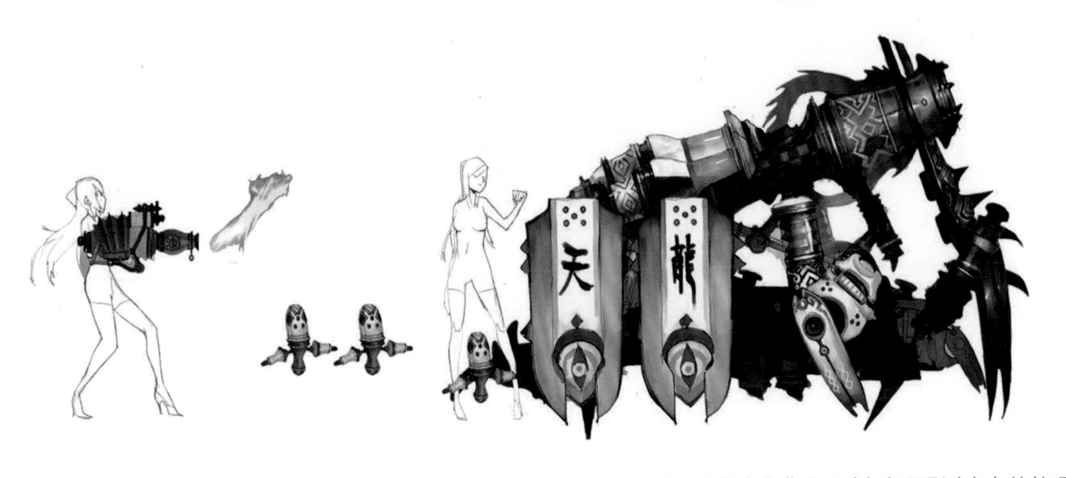

图 4-5 高奇 多元化的文化背景及成长经历影响角色的外观

图 4-6 张怡婷 角色设计草图

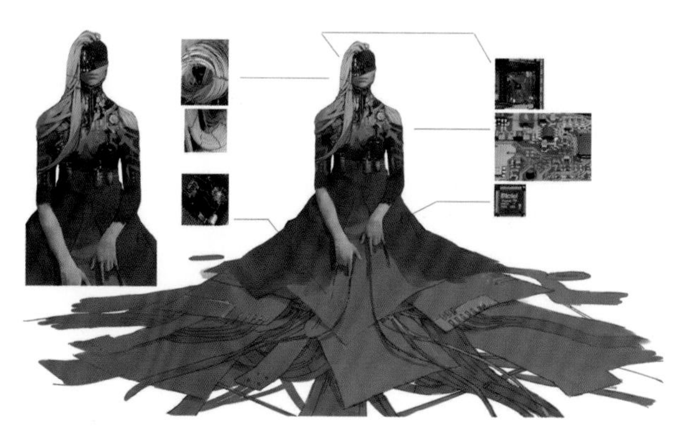

图 4-7 张怡婷 角色设计深入刻画

现出来，且易于修改和调整。这个阶段会产生大量的速涂方案，设计师需根据文字、文化背景等相关资料去创造、重组角色形象（图 4-6）。在这个过程中，设计师要考虑角色的所处地域及其人文环境、文化表征、技能及道具、服饰等因素。在确立了角色的形体和比例后，再逐步深入刻画，为其添加妆发、配饰、道具等。在游戏中，这些要素都可作为角色身份、职业、个性的佐证材料（图 4-7）。

二、游戏类型与造型诉求

角色设计的风格划分方式多种多样，有根据东西方审美标准划分的，有根据绘画风格划分的，还有根据游戏类型划分的。这里我们将其划分为大众风格和小众风格。大众风格即市场占有率广、流行度高，例如玩家数量众多的大型网络游戏、单机游戏和手机游戏等往往具有理想化的角色形象或时下流行的造型，受众认同度极高，也符合大众审美。在此类游戏中，角色造型成为玩家选择游戏的关键，因此策划要以文字的形式深入细致地对每个角色的外貌、性格等进行描述，以便原画师为角色设计出精美的服装和道具（图 4-8）。小众风格的作品与大众风格作品相比，除了在市场占有率和玩家数量上存在差异外，其玩法和美术风格也具有独特个性，很多独立游戏的开发小组或个人会抛弃常用的线面结合或三维写实的艺术表现手法，而选择水彩、版画等艺术表现形式。因此，小众的游戏作品的美术风格很可能成为行业中先驱性的实验作品。例如，网易公司的游戏作品《绘真・妙笔千山》的场景风格借鉴了传统中国画中的青绿山水；而角色则传承了中国传统肖像画的特点，虽以三维的手法进行表现，但其呈现出来的视觉效果独树一帜，玩法也十分新奇、有趣。（图 4-9）。

图 4-8 刘远 大众风格角色设计

码 4-2 游戏角色设计依据

图 4-9 《绘真 · 妙笔千山》小众风格角色设计

图 4-10 刘远 写实风格角色造型

当然，无论是文化基因还是市场因素，游戏角色的造型最终归于一点，就是形式必须服务于主题。现今，游戏作品风格日益多元化，东西方审美观念的差异也在逐渐缩小，呈现出一种多元融合的发展趋势。

游戏角色造型的设计有写实、夸张、概括、低龄化、整合等手法。写实是目前最常见的造型风格，这一风格遵从人体结构客观标准，多采用 6~8 个头身比进行塑造（图 4-10）。夸张的手法是游戏角色设计的精髓，设计师常常通过角色造型、比例和色彩的变化以及线条的伸缩与面积的缩放来突出角色形象。夸张可以是对角色身体比例的夸大，比如在塑造半兽人、怪物或强壮的男性角色时，将肩部与腰部的宽度对比加大，来突出其魁梧强壮的体态特征；也可以通过对轮廓进行设计来加强形体的说服力，使强大的角色更加强大、虚弱的角色更虚弱；还可以就角色的“三庭五眼”做位置、形态和比例关系的调整等。游戏

图 4-11 朱柏宇 夸张的手法在角色造型中的运用

中常见的夸张来自人们对角色身材及五官的理解（图4-11）。概括是一种保留对象主要形态特征的手法，其前提是了解并把握对象的真实形态特征以及本质属性，再将形象概括为块面的组合，使形象简练、鲜明，给人以直观、精练的美感（图4-12）。很多游戏角色的线面造型都是通过使用概括的手法简化到了十分单纯的程度，某些造型甚至被处理到了极致，却达到了非常好的视觉效果，久而久之，就形成了一种独特的审美情趣。低龄化也就是我们常说的Q版风格，其角色造型极度夸张、幽默，有儿童化的造型特征，头大身小，在亚洲地区非常流行。在造型方面，设计师吸纳了儿童的一些生理特征，如大额头、圆脑门、1~5个头身比，与婴儿、孩童、少年相近（图4-13）。另外，游戏中常会出现超现实主义的角色，多数源于神话、传说或者虚构时空，缺少实体的参照物，设计师往往会整合人、植物、动物等不同物种的特点进行创作。例如，游戏中常常出现的半兽人，多半是选取部分动物的特征再搭配人的身体组合而成；而有的机械体、飞行器则是借鉴仿生学原理塑造而成的（图4-14）。

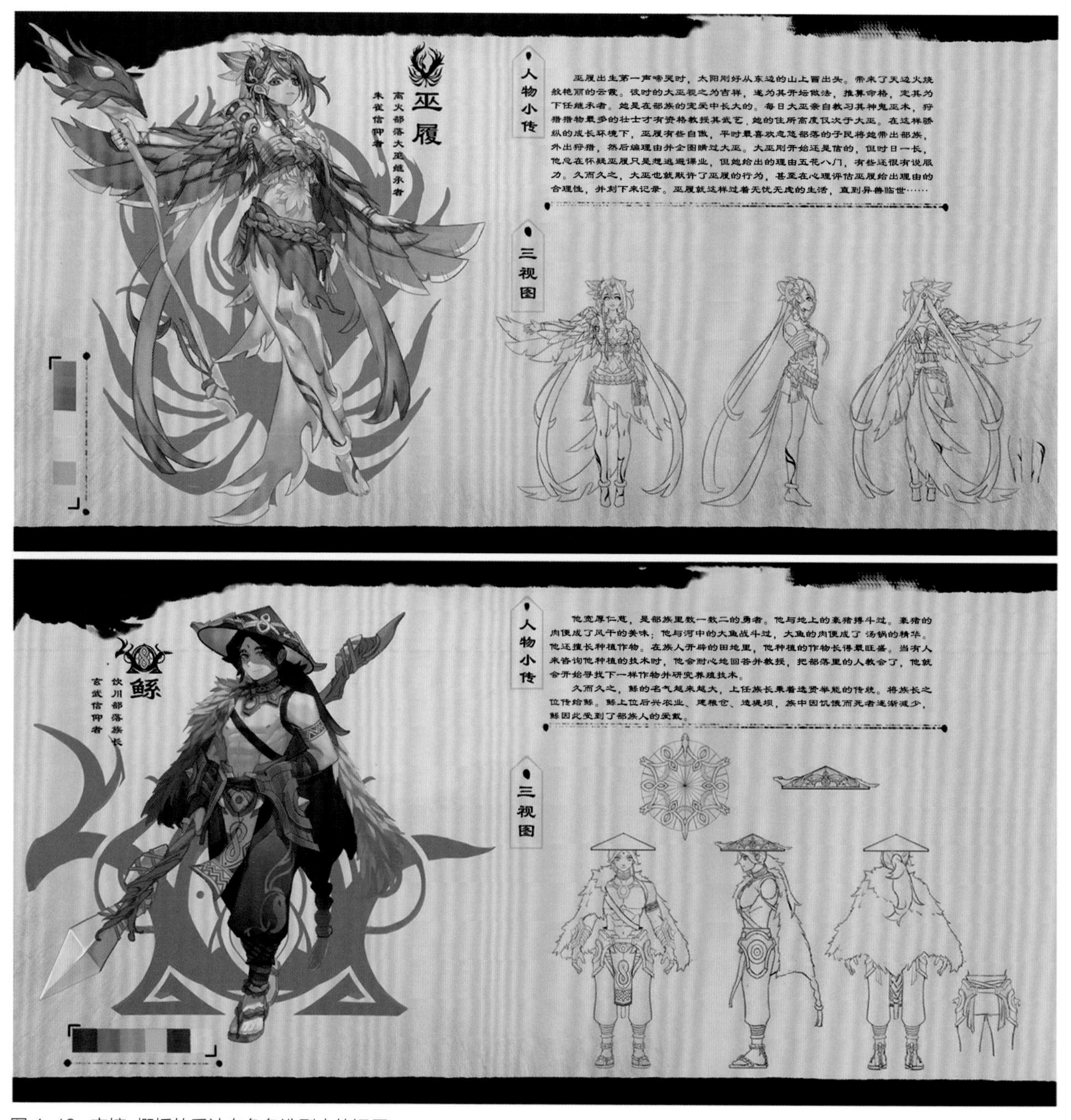

图4-12 李婷 概括的手法在角色造型中的运用

图 4-13 张露洋 Q 版风格在角色造型中的运用

图 4-14 高奇 仿生学原理在角色造型中的运用

第二节　角色设计的思路

一、轮廓设计

游戏角色的整体形态设计也称为轮廓设计，设计师在这一过程中对虚构造型的外形与重量感进行推敲和表现。较面部及其他细节设计而言，恰当的身体形态在角色的空间体量设计中有着不可取代的作用，能体现出设计师对角色体积关系的恰当处理（图 4-15）。设计师要重视这种隐性要素在整体形象设计中的辅助作用。首先，一个成功的整体形象设计不但可以表现角色的体型、性别、职业、年龄等信息，而且能保证角色的动作设计的顺利展开。换言之，体型将决定一个角色的外形基础及运动特征。以日本游戏公司 SQUARE 的《最终幻想》为例，系列游戏中的角色塑造得非常成功，设计师根据不同的职业、种族和个性特点分门别类地创作了形态各异的角色。游戏中的角色类别包括战士、武僧、小偷、魔导士、魔兽等，有力量型的角色，也有体态轻巧的角色。我们可以从图 4-16 中发现，设计师对游戏中的角色，如人物、动物或怪兽的形体比例进行了差异化表达，以突出其独特的个性。美国暴雪游戏公司作品《暗黑破坏神 3》中的角色造型职业主要划分为猎魔人、野蛮人、魔法师、武僧、巫医等，设计师根据游戏角色的生活背景及成长经历来创作他们的体态特征。野蛮人为男性角色，拥有巨大的力量，使用重型武器，因而体态是高大强健的，象征着力量。而同为男性角色的武僧主要依靠自身积蓄的内力作战，因此在体型设计上与野蛮人形成对比，身形较为精悍。巫医作为女性角色，主要通过法术作战，不需要过多的力量，所以设计师将其体态设计得健康而结实（图 4-17）。

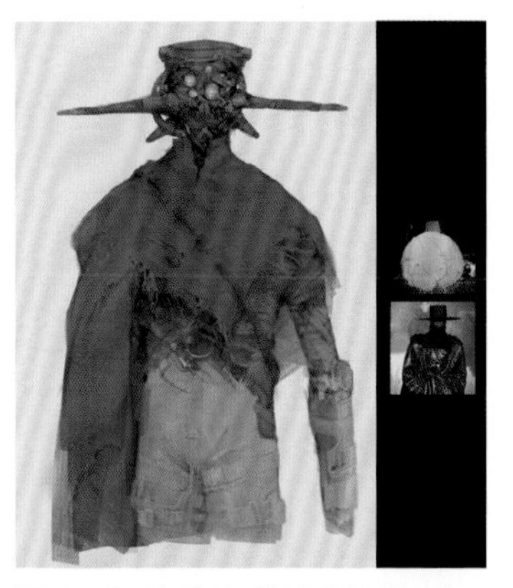

图 4-15　张怡婷　恰当的整体形态

图 4-16　游戏中角色的差异化表达

图 4-17　《暗黑破坏神 3》中野蛮人、武僧、巫医角色造型

二、头身比与体块

在敲定角色的身形轮廓之后，开始深入描绘单个角色的比例关系，通常我们以头部与身体的比例作为依据，写实的角色多为7~7.5头身，英雄人物为8头身，Q版角色为1~5头身。为增强游戏戏剧性，通常会根据角色的行为特征对整体的比例关系做出明确规定。设计师往往会夸大游戏作品中的反派角色的体格，以强健的体型突出他们的力量与残暴。而娇小的身材则可以加强角色的亲和力并博得玩家的同情。当然，这些游戏中也不乏体态瘦削、弱小却阴险狡诈或身怀绝技的角色，以及体型巨大、肌肉发达却性情温和的搞笑角色。所以，策划者需根据游戏世界观，设计出各色的角色档案，游戏概念设计师再据此绘制出各具特色的角色形象（图 4-18）。

三、服饰与身形

简单说来，服饰艺术就是角色所穿着的衣物、配饰和妆容，有时也包括角色携带的道具。服饰艺术是角色内在力量、性格的外化，在角色设计中可以传达的信息是多层次、多维度的（图 4-19）。在不同状态和环境中，角色的服饰也会不同，主要由时代、时限、地点、冲突四个因素决定，这也是设计师进行角色设计的基础。设计时，首先要传达的是时代和地域的信息，这是服饰设计和游戏世界观设计的主要焦点。玩家对游戏世界观的直观理解部分来自角色的外观，其中就包括服饰，因此设计师需要尽量让玩家仅根据服饰就能准确判断出游戏世界观。在进行概念设计时，我们通常都会根据游戏所设定的世界观收集资料，在熟悉和筛选资料的基础上进行深入创作。在很多现实主义题材作品中，这一点显得尤为突出，因为时代和地域信息在角色服饰设计中起到了非常重要的作用。在对角色的多层面生活进行表现时，我们需要明确他的职业、社会地位和爱好，以对其进行个性化的表现。人天生就是视觉动物，对外界事物的判断在很大程度上依赖于

码 4-3 游戏角色设计思路

图 4-18 高奇 角色设计

图 4-19 项英喆 服饰设计

视觉的直观感受，中国人有句俗话“人靠衣装，佛靠金装”，就很通俗地说明了这个道理。在表现角色的职业、社会地位和兴趣爱好等信息时，除依靠游戏情节和角色本身的演绎外，最为直观的表现途径就是服饰设计。以《波斯王子》系列作品为例，该系列作品取材自《一千零一夜》的故事，我们可以在人物服饰上看到伊斯兰服饰文化特征。又如《仙剑奇侠传》的游戏故事发生在北宋时期（徽宗崇宁四年甲申，即 1105 年），游戏中的人物服饰还原了时代风貌（图 4-20）。

角色的服饰设计在注重功能性和观赏性的同时，也要使其贴合角色身体结构，不论服饰样式、纹理、质地如何，都应起到修饰、衬托角色形体的作用，以便于角色运动和表演（图 4-21）。

图 4-20 《波斯王子》及《仙剑奇侠传》游戏角色着装风格

图 4-21 陆启源 《隐娘》中角色的服饰

四、头部与五官

脸型、五官、发型与表情特征是对角色的准确描述和细节的刻画，同时也是表达角色情绪的窗口。现今的游戏市场同质化现象严重，已经很难满足玩家的需求，他们更倾向于选择具有个性和感染力角色的游戏。脸型、五官、发型通常能传递出角色的性别、年龄、性格、审美倾向、情绪等信息。一般来说，性别和年龄可以通过对角色面部结构、皮肤肌理以及发型的处理来体现。例如，一般女性的面部颧骨较低，额骨稍高于眉骨，腮帮平缓圆润，五官小巧精致，头发飘逸柔软；而男性通常颧骨较高，眉弓突出，腮帮较大，五官也较大气，头发刚直硬朗；年长者的眼角、额头、嘴角、腮部、颈部有皱纹，皮肤随年龄的增长而出现松弛下垂，年纪越大皱纹越明显（图 4-22）。

在游戏时玩家并不会花费过多的时间去了解角色，那么如何明确且巧妙地向玩家传递角色的性格特征呢？这需要将角色的性格外化于形，就如平常我们所说的“相由心生”。虽然在设计时我们并不会对角色做类型化的处理，但不可否认的是它还是有一定规律可循的。首先，不同的脸型能给人带来不同的感受，比如圆形会给人以可爱、幼稚的感觉；长方形给人以稳重、可靠的感觉；三角形给人愚钝、笨拙的感觉；倒三角形则给人奸诈、狡猾的感觉

图 4-22 高奇 角色面部处理

等（图 4-23）。当然角色的面部造型也不可一概而论，有时也会有外表猥琐、乖张而内心善良的差异化角色。综上所述，角色的面部造型是角色设计中最传神的部分，角色的个性表达几乎全部集中在脸部，设计师应当对不同年龄、性别角色的基本脸型、表情加以观察和表现。

五、情绪与演绎

色彩与色调本身并不属于角色塑造的直接手段，但其在角色整体形象的设计中具有很强的功能性和识别性，因为设计师可以通过色彩传达丰富的情绪和审美感受，并以此增强角色的辨识度。游戏中的不同职业、等级的角色不仅在配饰、道具上有很大差异，同时在色彩的运用上也有很大不同。比如等级高一些的角色多运用对比度、饱和度比较高的色彩，而等级低一些的角色多运用灰色系，这样当所有角色出现在同一画面时，不仅能形成一定的节奏感，也能突出主角与配角之间的关系，便于识别。以《最终幻想 9》为例，游戏中出场人物众多，但是主角只有公主及保护者们。嘉妮特公主是游戏中最有爱心的一个角色，因此为了表现公主善良活泼的形象，设计师以象征单纯的白色和象征活力的橙黄色为基调，设计了橙黄色的连体衣与白色的上衣。游戏中女性角色多采用暖色系。而游戏的男主角吉坦，是一个宽宏大量且颇具领导才能的美少年，设计师首先选用了象征理性的冷色调，蓝色外套显得角色理性、聪慧，再配上白色的内搭，单纯、果敢、聪慧的少年形象就变得鲜活了起来。骑士团团长斯坦纳忠诚、勇敢，其服饰以作战的盔甲为主，呈现银色系的金属质感，显得冷峻、沉着。库族（食族）人奎娜·坤，喜烹饪、风趣幽默，设计师选用了活泼、动感有朝气的暖色系，白色的厨师帽、围裙等亦能说明其职业属性（图 4-24）。总之，色彩所具有的符号象征性和视觉心理暗示就是配色的基本原则，是塑造、表现游戏角色的重要手段。

图 4-23 高奇 游戏角色面部造型

图 4-24 《最终幻想 9》中角色嘉妮特、吉坦、斯坦纳、奎娜 · 坤服饰颜色设定

在完成角色性格的塑造后，设计者应着手表现角色的情绪、动态等。首先，面部表情最能表现角色情绪，其中五官的运动、变形又是最直接的表情塑造方法，通过对角色五官进行夸张，如变形、挤压和拉伸，可以表现出角色丰富的情绪。其次，在游戏场景中角色动作和行为方式的设计比表情更具有说服力。动作设计的层次有二，一是不同角色的动态和动作细节必须能够反映其物理属性与使用习惯（图 4-25），二是在动态表达的基础上，设计者要依据不同角色的特点，加入用于识别角色身份的表演细节（图 4-26）。例如骑士和精灵族，前者是干练和速度的代表，其动作和姿态要尽量果断干脆；后者是轻盈缥缈的代表，其动作和姿态就应该柔和一些。在设计的时候，前者可参照骑兵，后者则可加入一些类似于舞蹈的动作。

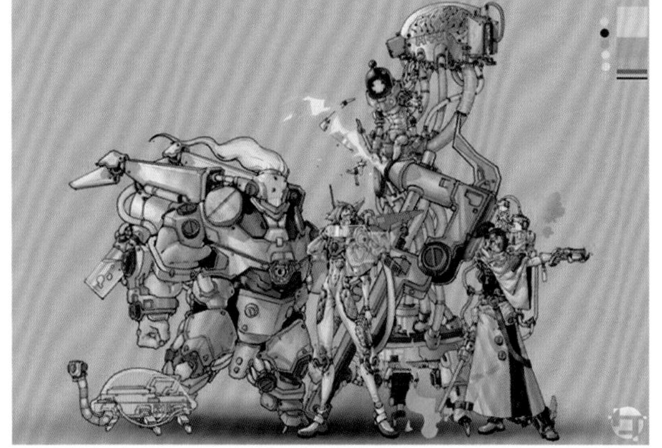

图 4-25 朱柏宇 角色动作反映物理属性

图 4-26 朱柏宇 角色动态表达

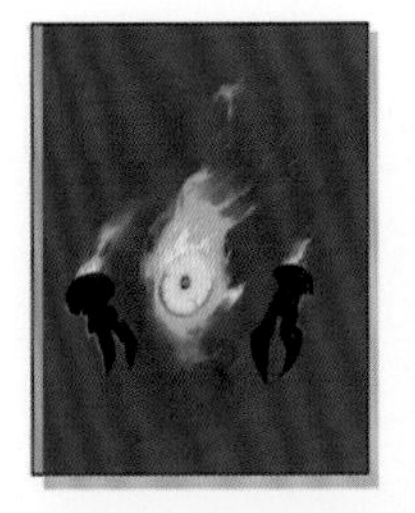
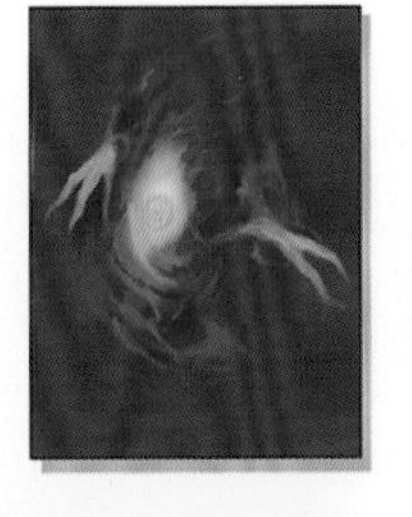

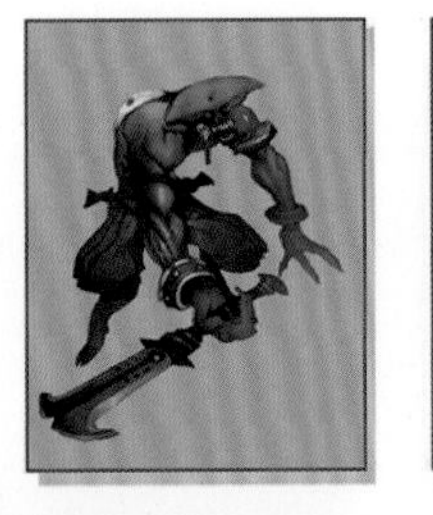

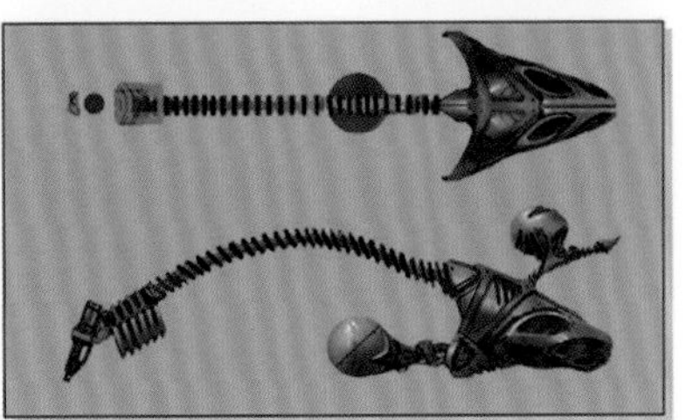
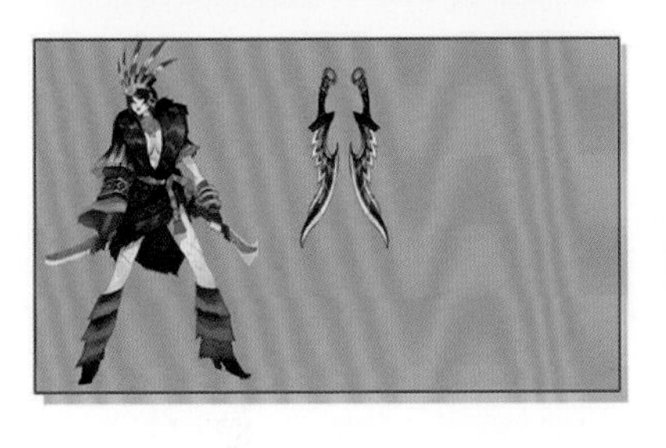

图 4-27 高奇 游戏道具

第三节 角色道具设计

一、道具概念

游戏道具是指游戏角色在游戏中可使用的物品，如武器装备、服装、首饰、药水、攻击/妨碍道具、卡片、坐骑、增值服务等（图 4-27），这些“道具”能体现出“游戏性”。其中，药水、卡片、攻击/防御道具以及增值服务更多地注重使用功能，使用后能提升角色的某些属性，但要限制使用次数；服装、首饰等除属性提升外，还能给用户提供视觉优化方案；武器装备、坐骑等道具一经购买便能使角色获得永久性的参数提升，系统赠送的节庆或活动装备使用周期有限。

二、道具分类

在道具中，涉及武器的类别最多，以基本性能进行划分，可分为冷兵器和火器。冷兵器包括长短兵器、打击兵器、远射兵器、软兵器、暗器等。火器包括燃烧性火器、爆炸性火器、远射性火器等。中国人使用冷兵器有数千年历史，最初兵器可统称为“五兵”，如果把防具算在内，则统称为“五兵五盾”。“五兵”是指戈、殳、戟、酋矛（短矛）、夷矛（长矛）（图 4-28）。若按使用类别划分，则可分为刀剑、打兵器、长兵器（扎）、远射兵器（射）、攻城兵器与守城兵器、火器和暗器。角色可根据自身职责和习惯选择适合的武器，在使

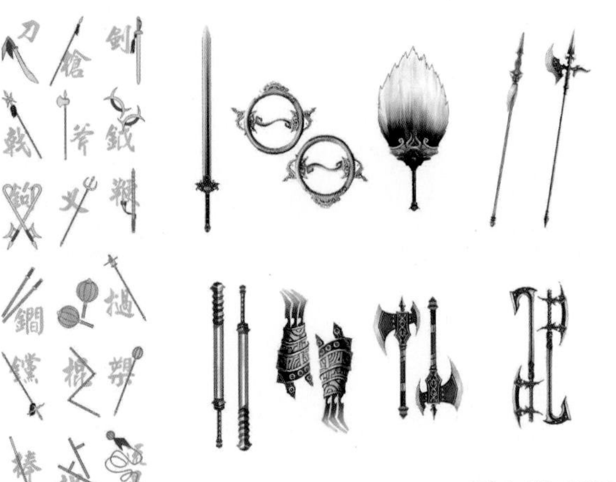

图 4-28 五兵

用时，肢体语言和动作也要与之相符。

冷兵器中既有以斩和刺为主要攻击方式的武器——刀和剑，也有棍棒、斧这类以劈砍为主要攻击方式的兵器；长兵器，是以枪为代表的一种在长柄上装有锐器的兵器，以“扎”为主要攻击方式；远射武器，是使用弓箭等发射器，把矢或子弹类弹丸射向远处以打击敌人的一种武器；投射兵器，分为利用弓、弦反弹力和借助“位能”力进行发射的两类（图 4-29）。

火器的种类繁多，中国自唐代发明火药至今，以火药为杀伤性动力火器在世界范围内迅速发展，仅枪就有很多类型，包括步枪、狙击枪、机枪、手枪等（图 4-30）。枪的口径小于或等于 20 毫米，口径超过 20 毫米的，均称为炮。而早在春秋时期，中国就已使用一种名为“礮”的抛射武器，这是炮的最早雏形。到了元代，人们制造出了最古老的火炮——火铳。到了现代，战斗机、坦克、导弹都加入了火器家族（图 4-31）。在游戏中，如果仅对某一地域或 BOSS 直接发射导弹就能通关的话，游戏的可玩性就会大大降低。因此，在设计时，要注意武器属性的平衡。

在对一些拥有特定历史背景的游戏道具进行设定时，要结合其文化、经济、社会背景以及工艺水平因素。原始社会人类的武器主要来源于自然界，即树枝、石头、兽牙等较为锋利的物品，而随着社会的发展，人类利用冶金术制作出了更坚硬、杀伤力更强的金属兵器。古代武器被用于狩猎和解决纷争，体现了当时人类社会生产力及文明程度。彼时，制造武器的材料以青铜、钢、铁为主，木制的武器其实也较为普遍。了解历史，方能做出合理的设计，合理合情的设计方能突显细节，使游戏作品成为经典（图 4-32）。

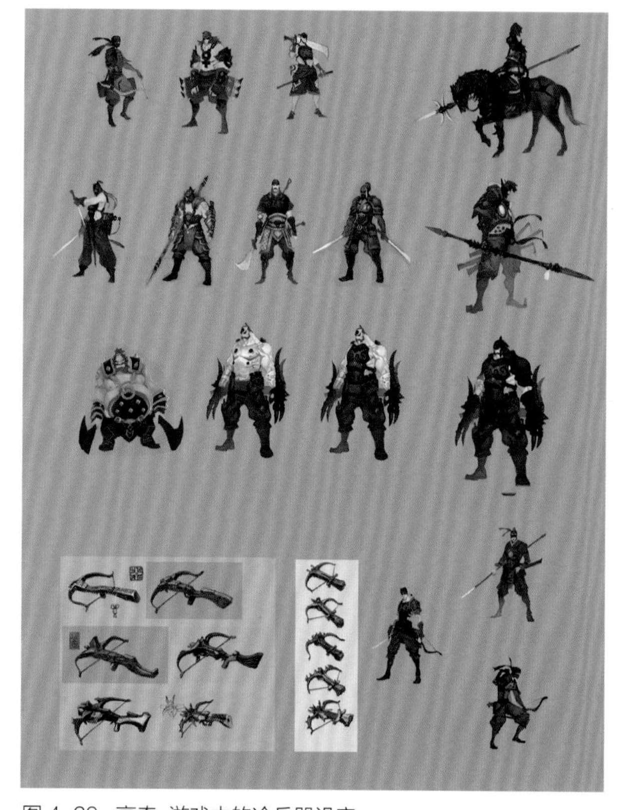

图 4-29 高奇 游戏中的冷兵器设定

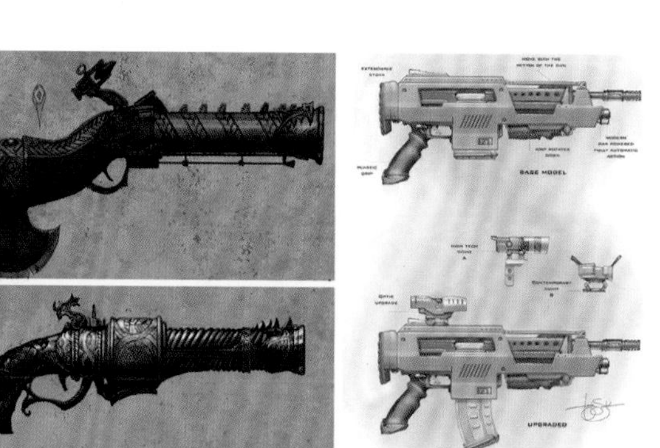

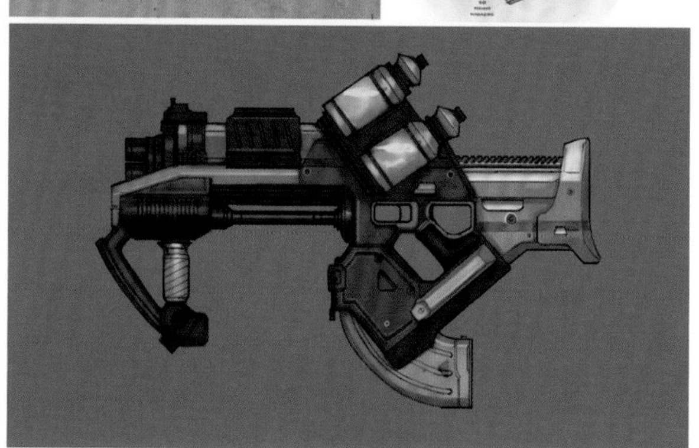

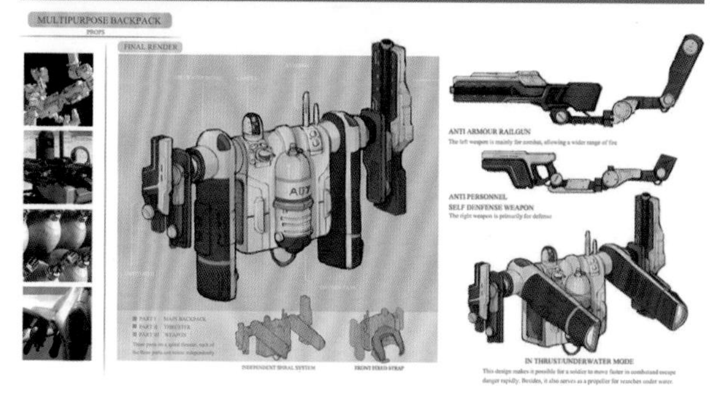

图 4-30 张怡婷 高奇 游戏中的火器设定

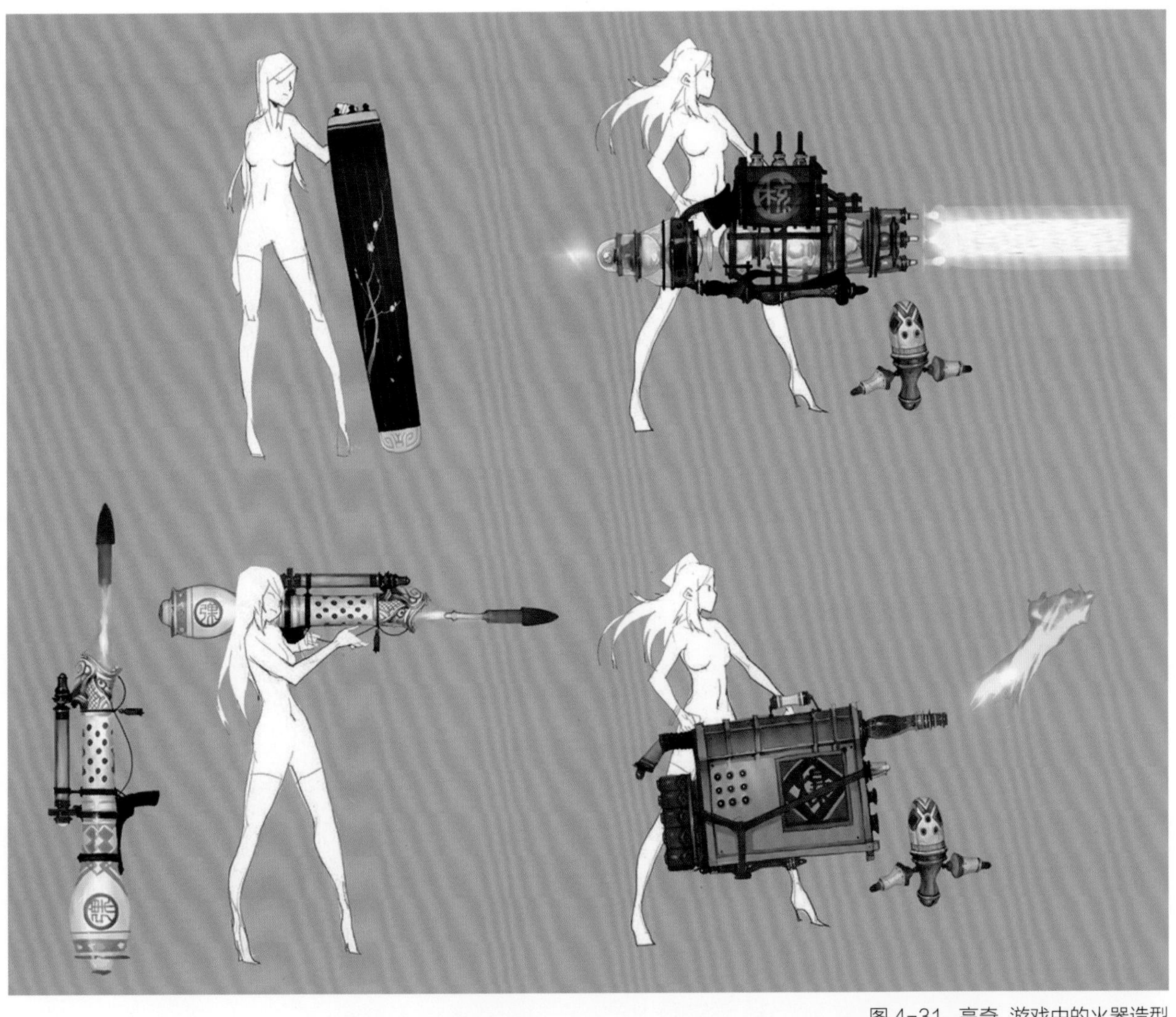

图 4-31　高奇 游戏中的火器造型

图 4-32　高奇 游戏中的兵器设定

三、道具风格

在进行概念设计时，首先要确定该款游戏的受众群体，即他们的年龄、消费能力、喜好等，概念风格需跟游戏的主视觉方案相符。譬如，武侠风格是最具中国特色的题材类型，它蕴涵着深厚的东方文化，诗意、唯美，甚至有些哲学化，讲求忠孝仁义悌，和中国传统道德观密不可分。武侠风格的道具设计要以此为基础进行合理的创新及改进，不能随意地在其中融入一些不伦不类的元素（图 4-33）。又如奇幻文学多融合神话、传说及宗教故事等，由此缔造出独特的世界观，呈现出与现实世界规律相左的描述，或者在现实世界中出现超自然元素。奇幻文学从神话、史诗和中世纪浪漫文学中借鉴良多，由此催生了《龙与地下城》这类角色扮演类游戏，而游戏又反过来催生了更多的同类型小说。奇幻类道具拥有超现实主义的功能与外观，形式上多辅以特效，以突出使用效果。当然，游戏中最常见的还是写实风格，此类游戏来源于现实生活，大多观照现实，注重元素的客观呈现与合理夸张，其道具、装备的设定多在现实的基础上做合理的美化。在写实风格的游戏中，我们要把握好相应武器、道具、

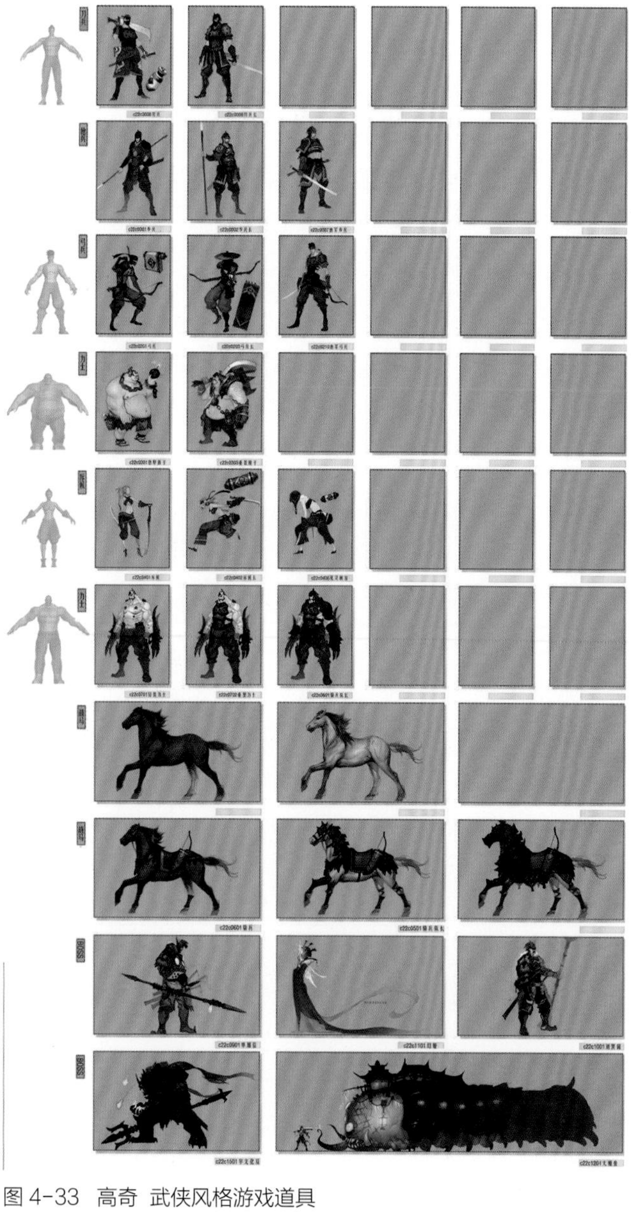

图 4-33　高奇　武侠风格游戏道具

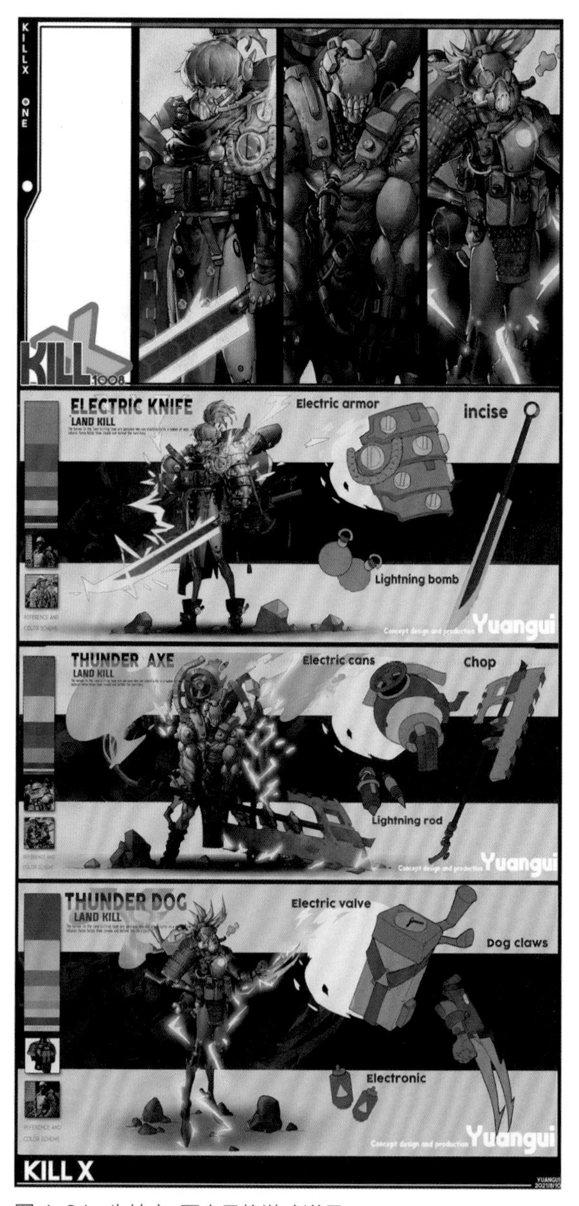

图 4-34　朱柏宇　写实风格游戏道具

装备产生的年代、地区及其使用人群，这类风格的游戏类型需要我们搜集更多的资料以供参考（图 4-34）。Q 版风格游戏道具，是基于现实物品比例基础上设计出来的，其规避了很多复杂的造型细节，且有着诙谐、夸张的表现力，风格可爱而有趣。与写实风格的道具相比，其简练、概括、童真的造型应用场景更广，延展性更强（图 4-35）。

四、设计要求

在游戏中，设计师会根据角色职业及技能设计武器装备，如弓箭手属于远程攻击角色，在选择武器装备的时候，弓比剑能更好地发挥其特长。正所谓“术业有专攻”，道具能大限度提升游戏角色的职业属性，能更好地塑造角色。我们往往对角色职业与武器的对应关系有一个基本的界定。战士：刀、剑、锤、匕首、盾、枪；法师：法杖、刀、匕首、魔法攻击；巫医：法杖、匕首、经书、魔法医疗；猎人：弓、弩、枪械、刀、剑；刺客：刀、剑、匕首、软兵器、暗器。当然，角色的种族、职业、武器、技能属性会以游戏世界观及策划文案为依据进行设计（图 4-36）。首先，要为角色选择符合职业特征的装备；其次，要考虑武器的大小。就视觉感受而言，在游戏中，仿佛角色所持武器越大就显得越拉风。但是，当武器大到一定程度时，游戏动画就会受到限制，或是武器无法完成某些特定动作，从而出现大量“穿面”，影响游戏动作画面的美观度。如果武器太小，就不能引起玩家的注意，如暗器类武器，在掷出时很容易被忽略，这时就需要为其增加特效。关于道具设计，一是武器大小的确定。我们会提供一个人体尺寸作为参考，来确定武器的尺寸（图 4-37）。二是道具的等级。在游戏

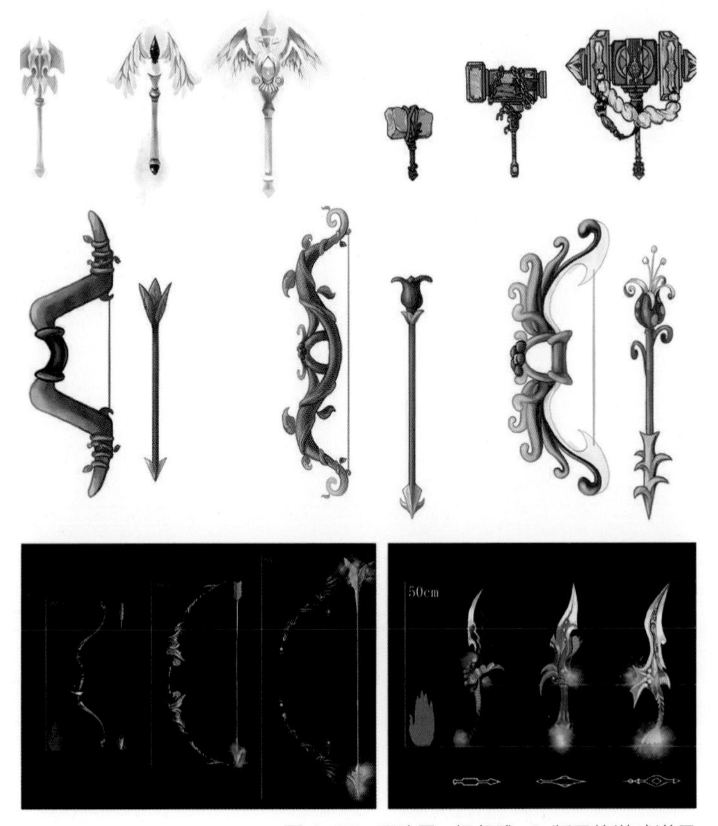

图 4-35　严孜霞　杨舒雅　Q 版风格游戏道具

图 4-36　朱柏宇　游戏中职业与武器的对应关系

中，等级即角色实力，一旦提升，便能解锁更多新技能、新服饰，使用更高级的药品和武器。所以，在武器装备或服装、药品的设定中，一般都有等级的划分。低等级的装备使用较简单的材质设计，等级越高就越要使用稀有的材质，做工也就越复杂。以图 4-38 中的锤子为例，假设游戏中角色的最高等级是 30 级，那么初级角色使用的锤子可以是“破旧的木槌”，到 20 级时可以使用“红石花岗锤”，而达到 30 级的时候，就可以使用“寒冰宝锤”。当然，在某些游戏中，角色满级之后还有更高的装备提升平台，这就需要我们做好前期规划，让角色造型有更多的提升空间。如果在前面几级就出现太多过于华丽的设计，到资料片的时候，玩家对于更高级装备的期待就可能会落空。

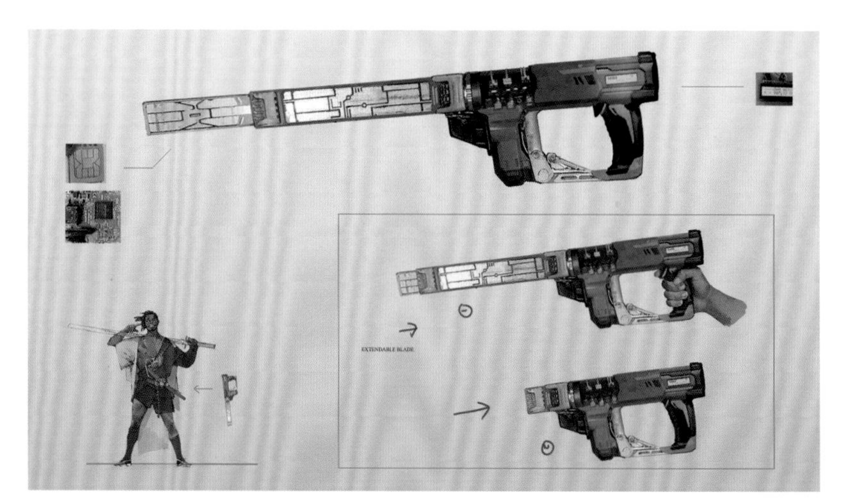

图 4-37 张怡婷 确定武器大小

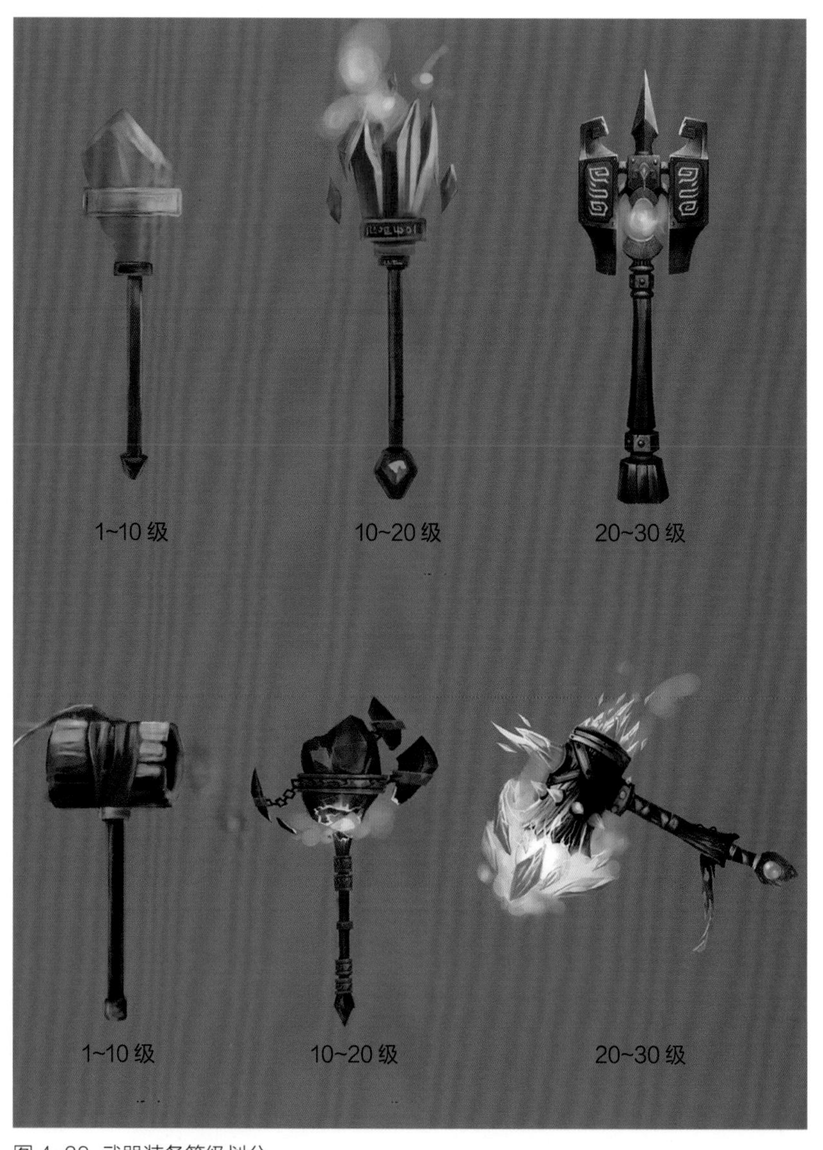

图 4-38 武器装备等级划分

第四节 案例实践

一、案例 1:《武者》

此处以刘远的作品《武者》为例进行分析，创作步骤如下:

1. 起形并勾线，确定角色的形态、各体块的比例关系。同时注意角色头颈肩、躯干与四肢、动态线等关系的协调性，以及面部特征和表情演绎与手足部造型等。完成清稿后，整体填充上灰色（图 4-39）。

2. 确定色彩关系。用平涂

的方式为角色赋色，确定各部分的固有色，并对色彩印象、大色调进行反复调整，以寻求最佳的配色方案（图 4-40）。

3. 设置光源。确定主光源方位，基于素描关系塑造角色的体积感（图 4-41）。

4. 刻画质感和肌理。加强反光和环境光，增加角色体积感。添加背景层、光效，烘托画面气氛（图 4-42）。

二、案例 2：Jackal

从企业案例中我们不难发现，一个角色从创意到造型再到立体化的呈现，需要各个环节的通力合作。本案例介绍的是 miHOYO 公司所开发运营的手游《崩坏 3》中登场的角色 Jackal。首先，角色原画设计师根据编剧给出的 IP 设定构思出几种不同方向的概念设计草图（图 4-43、图 4-44）。然后，从这些方案中选出最合适的基础形态进行清稿，并对服饰、道具等进行资料搜集及方案设计；完成后，再对造型规范的三视图、标准色、比例图等逐一进行细化（图 4-45、图 4-46）。最后，把设计稿交由三维建模部门进行立体化呈现，以及进行动作设计和特效制作，最终形成一个完整的角色设定。在这个过程中，设计师要不断修改和优化方案，才能呈现出最佳的视觉效果（图 4-47 至图 4-49）。

图 4-39 刘远 起形并勾线

图 4-40 刘远 确定色彩关系

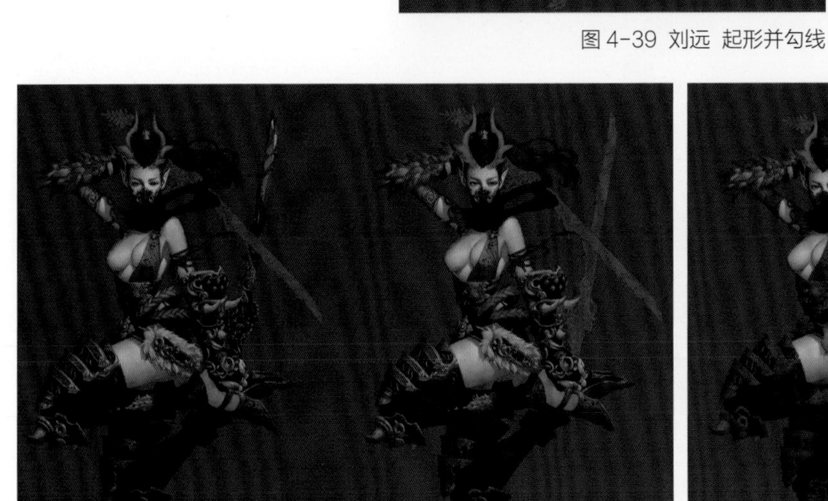

图 4-41 刘远 设置光源

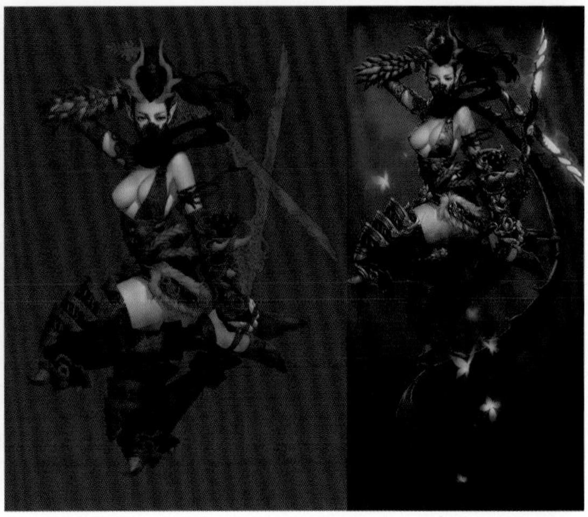

图 4-42 刘远 深入刻画

图 4-43 概念设计草图 1

图 4-44 概念设计草图 2

图 4-45 Jackal 造型细化设计

码 4-4 游戏角色案例

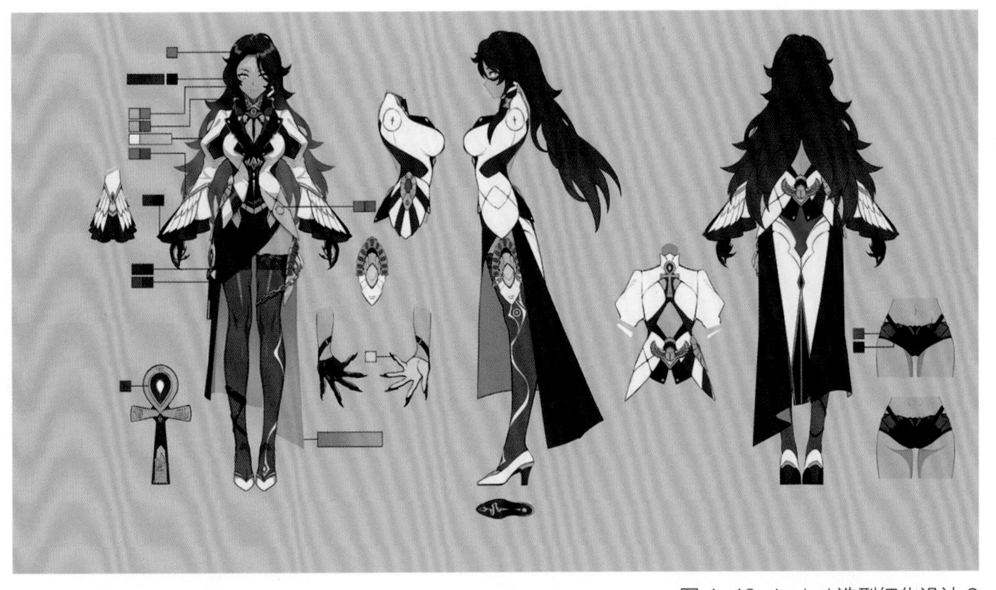

图 4-46 Jackal 造型细化设计 2

图 4-47 Jackal 及道具立体化效果

图 4-48 Jackal 立体化效果

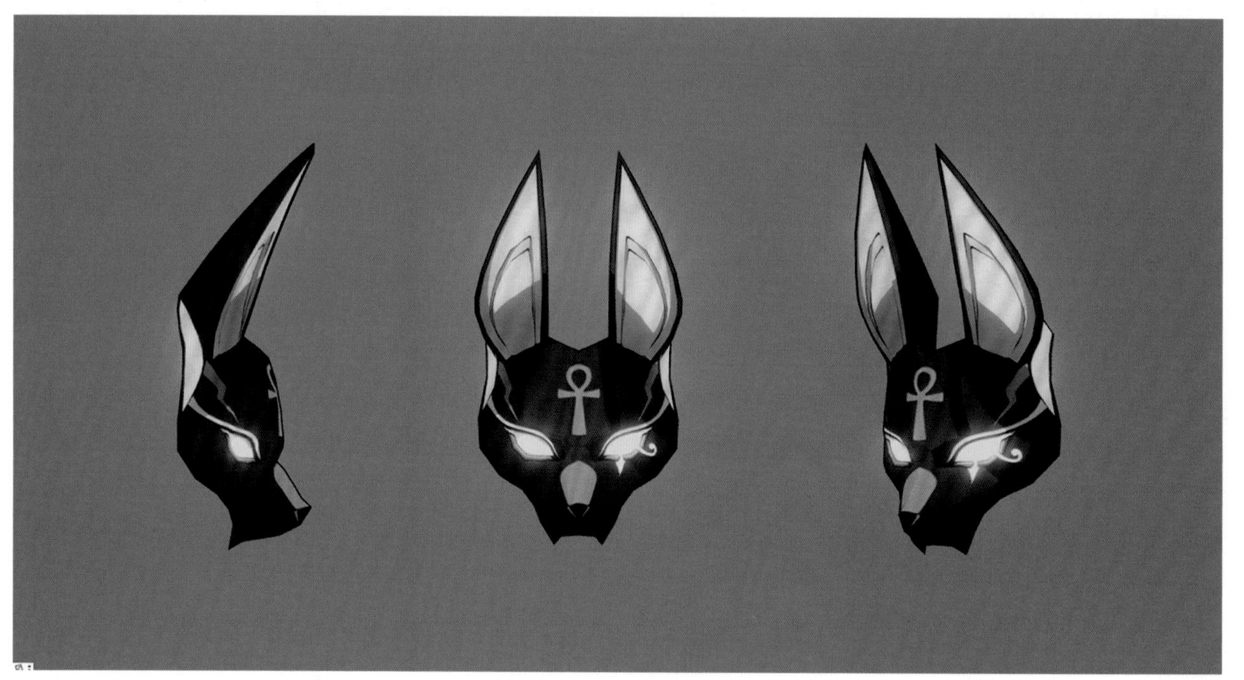

图 4-49 Jackal 面具 立体化效果

思考与练习

1. 思考题

（1）学习角色设计应该注意兼顾哪些方面知识的延展？

（2）角色造型练习需要注意哪些方面？

（3）怎样拓展自己的设计思维？

2. 练习题

临摹不同年龄、性别、职业的角色造型剪影 50 个、草图 50 个，包括人类、动物、虚拟角色及其标志性动作、表情、服装、道具等。

3. 命题作业及具体要求

（1）作业命题：为一款中国古典战略类游戏设计 4~8 个主要角色，包含男女士兵、将军、军师等。要求以 PSD 电子文档形式提交并打印纸质文件。

（2）作业规范与制作要求：作业尺寸为 A4 幅面（29.7cm × 21cm），4~8 幅；分辨率为 350dpi，用电脑软件全彩制作，完成后喷墨或激光打印。

4. 参考书目

（1）金正基 . 金正基作品精选集［M］. 南京：江苏人民出版社，2018.

（2）韩鹏 . 游戏原画设计［M］. 北京：中国青年出版社，2018.

CHAPTER 5

第五章 |

游戏场景概念设计

教学导引：

本章需引导学生从理论层面上把握游戏场景设计的基本原理和程序，使其积累专业的游戏美术基础知识，为培养专业意识做好铺垫。游戏场景是游戏画面中除去角色以外的物质空间设计（图 5-1），游戏角色在关卡中触发可交互部件后会在不同的场景中转换，这都是游戏场景的价值所在。在游戏作品的美术设计中，设计师需要依据世界观确定场景造型。

码 5-1 游戏场景概述

图 5-1 张怡婷 高奇 游戏场景

第一节 场景设计的功能

游戏场景的绘制不同于风景写生或插图，虽然都涉及自然和人文景观的表现，但是游戏场景画面背后还隐藏着极强的功能性。它用直观、具象的视觉元素来表现游戏世界观，起着概念澄清的作用，结合了游戏的人文背景和物质空间综述。它是角色运动和表演的基础，往往决定着游戏作品的调性和美术风格。因此，在学习中我们要兼顾设计思维的培养和手绘技法的训练。

一、空间塑造

场景中的“场”指的就是空间，物与物的位置差异度量称为“空间”，它以长度、宽度、高度进行表现。如何在虚拟的维度中表现符合文案设定的空间，以及空间怎样满足游戏剧情需要，是进行游戏场景设计时要解决的问题。在游戏场景设计中，无论是建筑外部环境还是内部构造，都必须充分体现功能和用途（图 5-2）。在现实生活中，人们需要设计楼梯来连接建筑的上下空间，要有门、窗、墙等连通或分割空间；科幻场景中的飞船要有动力设施、武器装备、生活保障体系；潜水艇要有水密门、减压舱等。这些都来自我们的生活经验，因此设计时首先必须考虑场景的基本需求，然后再考虑风格或者审美上的要求。如果不能满足基本功能诉求，就极易造成设计上的“硬伤”（图 5-3）。

如何合理地进行游戏场景的功能性分区呢？设计师将诉求归纳为功能模块并形成结构图，从而确定单体或集群的空间分布和构成，并形成设计结果。比如在一座中式城池的设计中，场景中要有城墙、城门、护城河、皇宫、各门派据点、园林、商业区、技能学习区、交易区、战场排队区等。完成功能分区的规划后，设计师还须推敲区域位置的合理性，以便玩家在游戏场景中进行探索。完成布局图后，设计师再细化每一块单体建筑（图 5-4）。

二、视觉引导

场景塑造应该有突出的特点，这样才能正确地传达信息，实现视觉引导。在不同的时代与文化背景下，场景所呈现出的物化形式各不相同，将文化内涵外化为地理风貌、景观、建筑等具体事物，便能呈现出准确的视觉元素。各国的建筑样式、结构与风格都有其显著的特征，例如虽然中国的古典建筑历经数千年，却一脉相承、自成体系，每当场景中出现“飞檐翘角”式的建筑式样时，玩家总能快速识别出来（图 5-5）。

码 5-2 游戏场景的设计依据

图 5-2 韩宇航 虞浩 游戏场景中的空间塑造

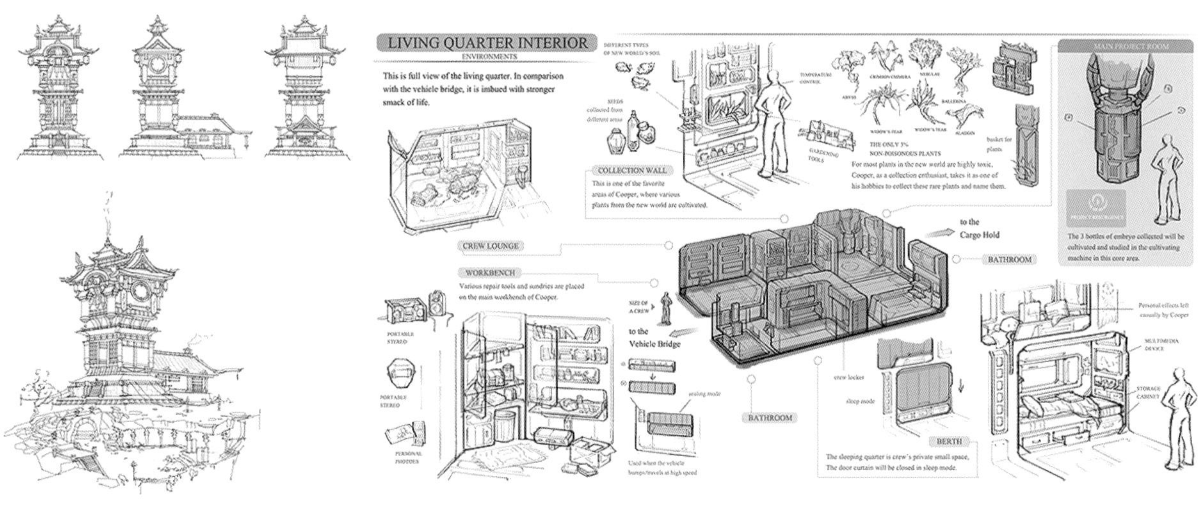

图 5-3 张怡婷 邓碧莹 朱柏宇 游戏场景中的空间塑造

图 5-4 《仙剑奇侠》 游戏原画场景布局

三、氛围营造

游戏的氛围也叫情境，是增强用户体验感的重要因素。在游戏设计中，游戏美术氛围的营造极为重要。光影与色调是决定画面氛围的重要因素，在场景设计时，如果将画面上的所有光源都处理为正面光、全局光、近似色，就会导致画面没有重点，从而形成散乱的视觉效果。如果为画面的主要建筑或主要道具设置点状光源并强调色彩关系，突出画面的重要信息，那么画面就会层次分明、重点突出（图5-6）。

第二节　场景设计的思路

一、世界观与构图

游戏的世界观是整个游戏美术的理论支撑，它通过地理环境、物种、人文符号、科技、服饰和技能等元素来指导游戏的视觉系统。设计师如何从大千世界中提取所需元素并将其组合成信息层级有序且美观的画面呢？角色、人工建筑、人文符号是画

图5-5 彭钥 通过场景塑造实现视觉引导

图5-6 彭钥 突出画面重要信息

面中最重要的信息，能够直观反映游戏的时空关系，因此应当将其置于画面的视觉中心点。虽然生态环境、物种信息等是世界观的有力佐证，不容出错，但在构图中仍处于次要层级（图 5-7）。

图 5-7 高奇 游戏场景中的视觉中心

二、游戏场景透视

由于人眼的特殊生理结构，任何物体都具有近大远小、近长远短、近清晰远模糊的视觉变化规律，基于此原理，我们在观察和表现客观物体时可运用透视法则塑造画面的空间感。除体积外，空气中的粉尘也会对光带来影响，造成物体明暗、色彩等方面的变化。距离眼睛较近者，颜色相对鲜艳明亮；而距离眼睛较远者，颜色相对暗淡（图 5-8）。

前文我们提到艺用透视法分为线性透视和空气透视两类。形体透视亦称几何透视，如平行透视、成角透视等；空气透视亦称色彩透视，指物体近实远虚的变化规律，如明暗、色彩等。当然，它们往往是相互交叉的，在功能上有重叠（图 5-9）。

图 5-8 朱立朴 透视在游戏场景中的运用

三、设计逻辑

在游戏场景设计中，我们必须要保障建筑和机械的基础功能，这些功能是基于当下人们的认知及科技水平而设计，要依据现有的条件展开。设计时首先必须把场景本质放在首位，然后再考虑风格或者审美上的要求（图 5-10）。设计师对上述要求进行分析后，归纳出所有的功能诉求，并规划出多种形状的场景结构图，从而确定大致的区域分布，进而影响设计结果，这个过程被称为功能模块设计。在此期间，设计师要将场景作为运动支点去规划角色行走路径，而各关卡间的变化又反映在行为逻辑及动线的设计上。此外，还要合理设计多个空间通道及出入口（图 5-11）。

图 5-9 漆芷妤 线性透视和空气透视相结合

四、观察方法

1. 描摹现实

设计师该如何实现游戏场景的功能呢？最简单的方法是描摹现实，以现有的物质世界为基础，再选取一个或多个能代表游戏故事背景的典型元素，对其进行融合、创新和再造，对多种现实风格进行合理想象、装配重置。各地区千奇百怪的原始地貌、各民族丰富的人文建筑及因地制宜的筑城特色组成了珍贵的资料库，其分布形制、造型特点、建筑材料、修建方式大不相同（图5-12）。如我国古代宫殿建筑的平面严谨对称、主次分明，砖墙木梁结构清晰，飞檐、斗拱、藻井和雕梁画栋的手法形成了中国特有的建筑风格。而在西方建筑中，古希腊、古罗马时期有多立克、爱奥尼克、科林斯等具代表性的柱体设计式样，中古时代有哥特式建筑的尖塔风格，文艺复兴后期有运用娇柔奇异手法的巴洛克和纤巧细致的洛可可等建筑风格（图5-13）。

码 5-3 游戏场景设计思路

图 5-10 高奇 虞浩 功能与审美相结合

图 5-11 何骞 行走路径规划

2. 合理想象

掌握各国的建筑风格能帮助我们了解建筑背后的人文历史，从而合理地运用想象对其进行具象化重塑与表现，跨越时空界限进行创作，进而增强游戏的体验感。这个世界似曾相识又倍感陌生，意料之外又在情理之中，我们可以对现有资料进行整合，以弥补想象力的不足，设计出极具特色的建筑样式，从而给玩家带来亲切感（图 5-14）。在写实的基础上运用夸张的手法对建筑进行放大和重组，能增强游戏画面的代入感与合理性。学生可以尝试收集

图 5-12　朱立朴　资料搜集

图 5-13　彭钥　中西方的建筑风格

图 5-14 彭钥 合理运用想象

不同地域、不同风格的建筑和地理特征的图片资料，并对它们进行组合练习，也许看上去像是随意地胡乱拼凑，但是在这个过程中画面内容与氛围的合理性越来越高（图 5-15）。很多游戏作品的世界观都是虚构出来的，那我们为什么还要进行元素的选取呢？这是因为玩家是通过日常生活体验——生活经验、旅游地、地理、文学作品、影视作品等来考量游戏世界的。首先，我们要不断增加知识储备，并对所学知识进行融会贯通。其次，除了积累知识和搜集素材以外，做笔记也是一种很好的学习方式，笔记能帮助我们把素材收集起来，在必要的时候能给我们提供参考。再次，需正确记录、整理有用的素材，快速记录脑海中一闪而过的灵感。最后，最关键的一点是创造，设计师应尝试创造、提取、产出新风格的作品，不断推陈出新（图 5-16）。

图 5-15 张怡婷 对素材进行拼凑，组合练习

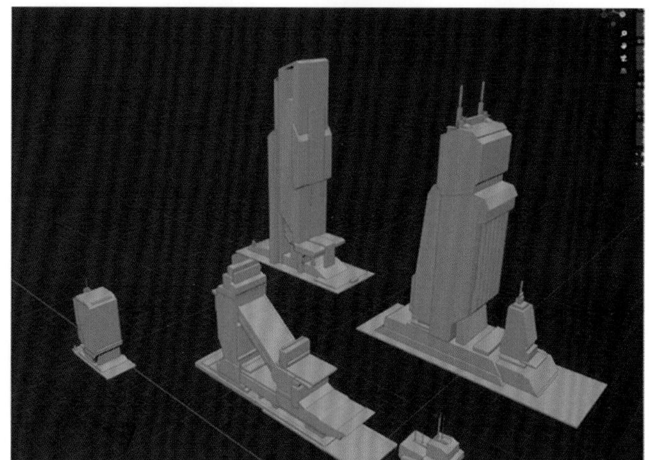

图 5-16 何骞 不断进行新的尝试

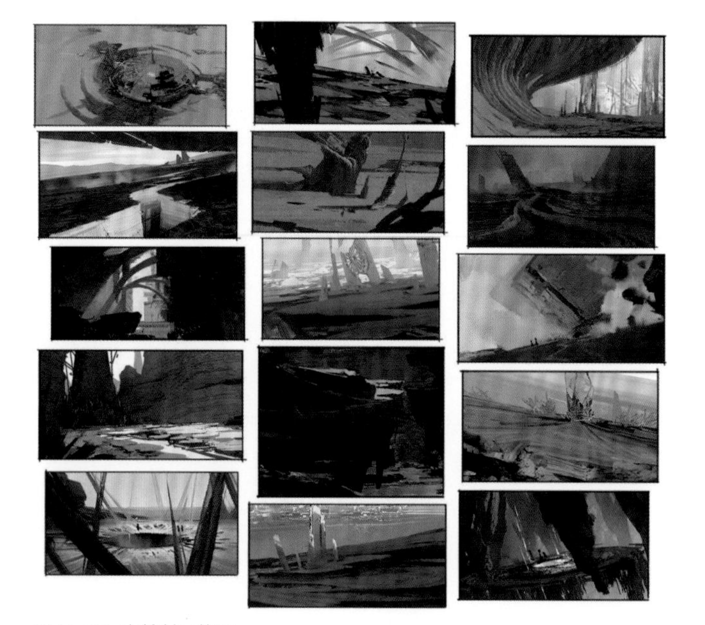

图 5-17 张怡婷 草图

第三节 场景设计流程

一、草图

场景草图，快速且准确地对空间进行塑造，即通过形与色将场景的大致造型、光影、色调表达出来。为了使前期构思与最终呈现的游戏画面一致，场景草图要严格按照游戏视角绘制，它类似于基础训练中的速写，用粗略的造型和色块将场景的构图、色调、比例、氛围快速表达出来，并在最终定稿前不断琢磨、修改，最后选取最合理的方案进行深入刻画（图 5-17）。

二、创作步骤

1. 构图与形态

在创作之前，设计师首先要构思画面布局，以涂鸦的方式迅速落笔，将自己对文本的感受表现出来即可。然后，搜集相关素材进行参考，简单勾画出整个场景的轮廓，并确定透视的角度与方向。

本案例作者以海峡风光作为参考。先用大的笔刷确定场景中各元素的位置关系及素描关系，划分出天和地，同时强调透视关系，加大了近景的岩石和城墙剪影的体积，并缩小远处的堡垒。该场景的主体——堡垒被安排在画面的中央，这种处理方式使画面重量感较为均衡（图 5-18）。当然，在练习时还可多尝试几种构图形式。天空中，云朵间透出的光恰巧投射在堡垒上，削弱了前景的细节表达，强化了视觉中心及景观层次。在创作时，我们不仅要强调画面与文本的对应关系，还要考虑后续制作的问题，所以草图要详尽、清晰。另外，要有意识地划分景观层次以帮助设计师厘清空间构成。一般来说，前、中、后景要分图层绘制。

2. 氛围与光线

完成构图后确定主光源，若主光源为暖色调，那么可以在阴影部分添加一些偏冷的辅光源，这样更有利于突出物体的体积感。然后，确定画面的暗部，通过暗部颜色凸显主光源，进而突出画面的主要信息。这个阶段可加强画面明暗对比，等到素描关系明朗后再进行深入刻画。最后，绘制蜿蜒的道路，将景观层次串联起来（图 5-19）。

确定空间层次后，对画面进行赋色。使用临近色赋色是一种定义画面色调的常用手法，这样能使画面产生一种感官上的和谐感。再使用互补色或重点照明的方式来强调画面的视觉中心。

3. 细节与刻画

为了表现游戏世界观，对前景的城墙与中景的房屋、草地、道路等细节进行刻画，并且用喷枪等工具以涂抹的方式表现云的形态。要注意云的质感表达，并非所有的云都是轻盈的，有些云的体量感很强并且界限分明。同时，要加强重点区域亮度与色彩饱和度的对比。这个时候要把握画面大的体块关系及光源的冷暖关系，将近景、中景、远景划分开来，展现空间层次。处理好透视关系后，便可为画面添加细节，必须结合实拍资料做参考（图 5-20）。

图 5-18 朱立朴 构图

图 5-19 朱立朴 确定空间层次

4. 调整与完善

绘出中景中小教堂、农舍、良田等细节，此阶段要注意对画面元素进行深入刻画，即对主体物的细节进行描绘，尽可能让重点元素的轮廓剪影更清晰。细节深入完成后，回归整体，调整画面景观层次的关系，继续对不完善的部分进行刻画。完成后，再次对画面进行调整，使场景看起来既丰富又统一，也可以通过使用 PS 软件中的相关操作命令对画面进行调整。实际上，这个阶段仍然处于概念设计的中期阶段，但是作为一个概念设定稿，它基本上已经把游戏世界观中的时间、地点以及大概的情景都交代清楚了（图 5-21）。

第四节　案例实践

码 5-4 游戏场景设计案例

一、案例 1：《街头》

在场景设计中，基于现实的创作十分常见，该案例设计师参照实拍素材通过使用 PS 软件对建筑造型、街道景观等进行快速表现，并确定其固有色及光影（图 5-22）。对于初学者而言，这种归纳与表达练习简单而有效。设计师通过利用软件中的选区、多重笔刷、图层样式等功能对画面的细节、质感、光效等进行逐一表现，以丰富画面视觉效果

图 5-20 朱立朴 细节刻画

图 5-21 朱立朴 调整完善

（图 5-23）。为了使场景生动自然，设计师还添加了文字、人等元素，这样一个极具生活趣味的场景跃然纸上（图 5-24）。

图 5-22 朱立朴 快速表现

图 5-23 朱立朴 丰富画面视觉效果

图 5-24 朱立朴 添加画面元素

二、案例 2：《空间站》

目前，三维辅助二维表现的手法屡见不鲜。本案例是基于人类对太空的探索而设计的，确定主题后，设计师有针对性地搜集了资料并草拟了多个建筑外观方案。注意，此时并不需要过多地关注细节，而是通过参考资料对整体廓形进行推敲（图 5-25）。接下来，选出最佳方案并借助三维建模软件获取最精确的造型，然后再绘制线稿，找准结构，表现细节（图 5-26）。线稿设计完成后确定建筑体积及色彩关系，最后将每部分的材质和肌理都表现出来（图 5-27）。

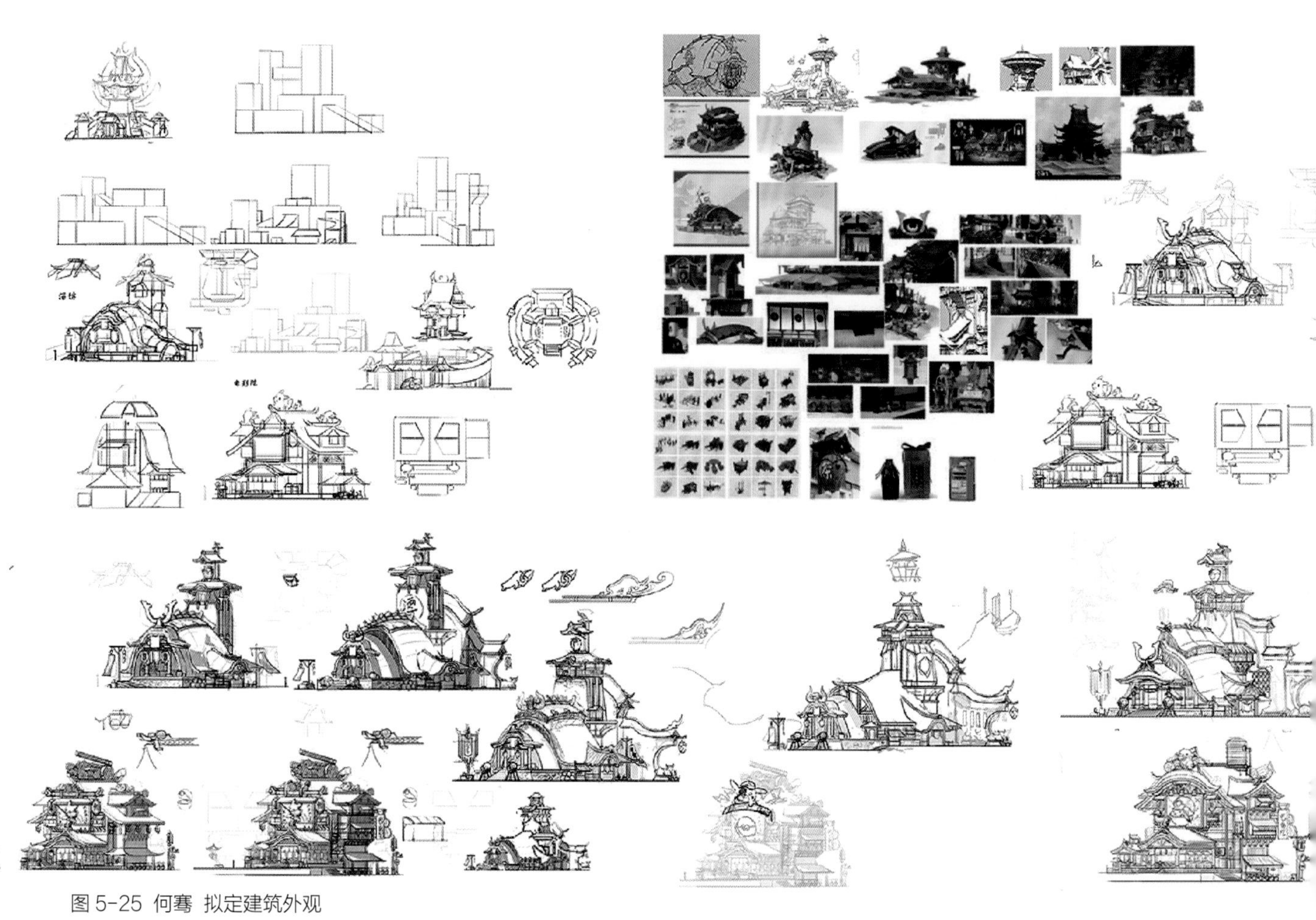

图 5-25 何骞 拟定建筑外观

图 5-26 何骞 借助三维软件获取最精准的造型

图 5-27 何骞 材质与肌理表现

思考与练习

1. 思考题

（1）游戏场景中包含了哪些主要因素？

（2）游戏场景设计的延展知识有哪些？

2. 练习题

（1）以一个文学作品中的世界观为蓝本设计一个游戏场景，除了表现出该场景给人带来的最直观的感受之外，还要进行思维发散，使场景更有代入感。

（2）选择一个自己感兴趣的地域，根据当地人文景观、自然风貌等设计一张场景概念图。题材不限（武侠、科幻、魔幻、奇幻、玄幻），构图、绘画风格不限。画面要明确体现当地最具代表性的核心历史文化、地貌、气候以及动植物等元素。

3. 命题作业及具体要求

（1）结合自己创作的独立游戏作品，绘制 2~3 个内容不同的游戏场景。

（2）作业规范与制作要求：作业尺寸为 1920 像素 x1080 像素，分辨率为 150dpi，用电脑软件全彩制作。保留图层，完成后提交电子稿。

4. 参考书目

三度出版有限公司 . 玩转关卡：游戏场景设计［M］. 武汉：华中科技大学出版社，2018.

CHAPTER 6

第六章 |

作品赏析

教学导引：

我们可以借助影像资料和计算机表现不同主题与风格的游戏概念设计作品，有时同一个场景甚至会出现多种风格相互渗透与融合的现象。学生可通过欣赏不同的设计作品来拓宽视野、提高审美能力，进而启发创作思路。我们要从优秀的绘画、影视和设计作品中学习构图、塑造、色彩和光影表达等方面的知识，巧妙地将绘画语言转化到设计作品中去。

第一节　游戏概念设计作品赏析

在游戏概念设计作品中，中国传统题材最为常见，设计师根据游戏所处朝代、地域来还原古代都城的布局与风貌。中式建筑群落以中轴对称的形式闻名，设计师对体量极大的汉代都城进行表现，建筑形制依照旧制绘制，整体建筑群的透视处理显现出平原地区的地貌特征，虽然有群山环绕，但低矮平缓的山势也很好地衬托出了游戏的主题（图 6-1）。

图 6-1 朱立朴 游戏场景中的中式建筑群

图 6-2 朱立朴 游戏场景中的古战场

图 6-2 中国传统题材的场景表现了尘土蔽日的黄土地、萧条的瞭望台和远处的城墙，再现了古战场的情境。在肌理的处理方面，设计师大胆使用了砂石地表的材质贴图来完成，近处的小山包也使用了岩石的贴图。

设计师也可以利用自然元素，去表达清幽意境。苏轼爱竹，曾说“不可居无竹”，在中国传统绘画中“竹”颇受画家们的青睐。而图 6-3 以一个较低的视点绘制游戏场景，别有一番韵味。画面的近景是左右围合的茂密竹林以及透过树冠洒下的斑驳光影，逆光的处理使近处植物呈现出清晰的轮廓，远处隐隐约约矗立着一栋就地取材建成的竹楼。

如图 6-4 描绘的是一座云雾缭绕的深山寺庙。设计师采用仰视角度，使画面具备了极佳的视觉效果。清晨的斜射光线仿佛掀开了雾气，使人得以窥见山寺面貌，不禁想起“清晨入古寺，初日照高林。曲径通幽处，禅房花木深”这样的诗句。

诚然，游戏题材及其所依托的时代背景并非全是传统的，也有很多现实题材的作品。如图 6-5 中从门窗投射进室内的光线所表现的社区活动室很有生活气息。利用光线来连通室内外空间是场景塑造常用的一种手法，设计师熟练地在图 6-6、图 6-7 中运用了这一处理手法，巧妙提升了场景空间的氛围感及表现力。生活中，可通过观察、记录的方式来积累素材，进而提升“光”的表现力。对于初学者而言，提升自己发现美的能力也十分重要。

由此可见，一点透视最适合表现深邃的空间关系，纵深方向有序排列而成的线段能带来有序的空间韵律感。当然，这种有序的视觉节奏并非只由形体产生，空气透视所带来的色彩关系变化也能突出空间层次（图 6-8）。

在寂寥、肃杀的山谷间，溪流已被冻住，石雕、枯树、怪石散乱矗立着，设计师巧妙地利用透视关系来展现被冰雪覆盖的人工建筑（图 6-9）。作为文本的意向性表达，在画稿中不难看到为了确定游戏世界观而使用的肌理贴图。此时你是否想起了“寒色孤村幕，悲风四野闻”这样的诗句？

图 6-3 朱立朴 自然元素“竹”在游戏场景中的应用

图 6-4 朱立朴 仰视视角在游戏场景中的应用

乌篷船上，军士穿林渡水而来，石拱桥在画面中形成的遮挡不仅加强了画面的纵深关系，还将观者的注意力聚焦于画面中景。但凡画面中有重要的信息，都可作此处理（图 6-10）。

图 6-11 表现的是架空的武侠游戏场景中的神龙阁，既有对中国传统建筑形制的传承又有创新，如最高处用了“十”字脊顶，在阁的下面加入了土楼的元素。阁这种传统建筑多为两层，四周开窗。

图 6-5 朱立朴 投射光的利用

图 6-6 朱立朴 利用光联通室内外空间 1

图 6-7 朱立朴 利用光来联通室内外空间 2

图 6-8 朱立朴 利用空气透视带来的色彩关系变化提升空间层次

图 6-9 彭钥 利用透视表现游戏场景空间关系

设计师显然不满足于此，而是进行了大幅度的夸张，将屋顶改良为重檐歇山顶，像是在向观者发出警告：此地不得擅入。劲松、奇石、峭壁、石香炉、仙鹤、黑龙戏珠等雕塑与人工建筑共同搭建了这个世界观。

当然，有的基于传统文化而形成的架空世界观也完整地保留了传统式样。如在图 6-12 中，大厅外的假山、池塘、石灯、盆景、灯笼、窗扇等沿用了中国传统的建造、布置形制。

码 6-1 教学案例1

图 6-10 彭钥 巧妙运用遮挡加强画面的纵深关系

图 6-11 彭钥 对中国传统建筑形制的传承

图 6-12 朱立朴 基于传统文化而形成的游戏世界观

设计师可以通过改变某种气候条件和地理环境去表现游戏场景，以营造不同于日常生活体验的视觉感受。图 6-13 中的雪地、山岩、悬浮的石块是我们熟悉的自然元素，设计师将天空和云彩处理为蓝紫色调以营造出诡秘、幽静的氛围感。

设计师还可以对东西方文化进行融合来表现意象中的场景。在图 6-14 中，十字脊顶和重檐的设计加大了主体建筑的比例，而青铜镀金的巨大圆形装饰物又清晰给观者传递了人工建筑的所有者信息。戴着斗笠的玄装武士只身至此，行走在用石头拼砌而成的主干道上，形成了力量感的对比，令人喟叹。

图 6-13 彭钥 利用色调营造场景氛围

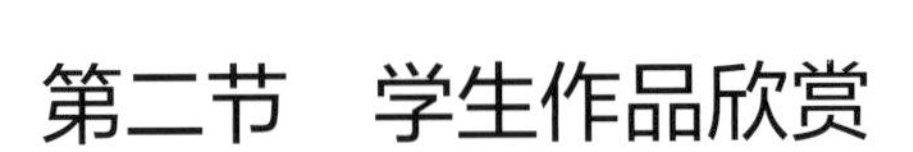

第二节 学生作品欣赏

在学习过程中，我们必须从造型训练向专业技法和思路过渡，这是一个漫长的过程。临摹是拓展设计思路与掌握绘画技法的重要途径，而对成熟作品的临摹可以帮助我们学习绘画技巧并提高审美能力。

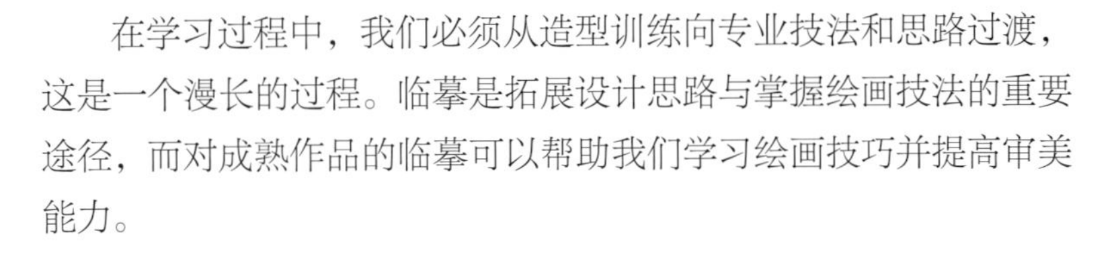

一、《夏荷 mini village》

邓碧莹的作品《夏荷 mini village》将中国传统文化中的盆景艺术与田园诗意相结合，将缩小的砖木结构房屋和放大的盛夏荷塘共同构筑在一个木结构架子上，悠闲濯足的小青蛙令人心生喜爱，十分有趣。为避免直线造型的木结构框架带来呆板，作者将垂柳悬挂于半空，打破单调的蓝色远景。同时，为了丰富荷塘的生态，作者在近处设计了些许水生植物作为补充，形成一派“天光云影映碧池”的景象（图 6-15）。

图 6-15 邓碧莹 《夏荷 mini village》

图 6-14 彭钥 通过加强比例关系营造场景氛围

二、《西王母陵墓密藏》

在邓碧莹的作品《西王母陵墓密藏》中，夯土崩塌，地宫立现，这个场景虚构的是古代帝王陵地宫，俯瞰的视角颇具审视意味。作者将主要光源设为底光，在低光照环境下，由底部幽幽投射上来的光线给场景设置了悬念。远景有一扇朱漆大门，受光线的影响呈现出橙黄灰调。中景残破的祭坛悬于粗壮的树枝之上，其上的黄铜鎏金底座盛着硕大的蓝色晶体，在幽暗的地宫内熠熠生辉，使景观层次分明，主题突出。此作品的创作步骤如下：

1. 使用 PS 软件中的基础笔刷工具快速勾勒轮廓（图 6-16）。

2. 对场景各部分进行上色，调整大色调，并进行第一次整体刻画（图 6-17）。

3. 在近景处绘制链条，再次深入刻画场景的细节，并在右侧的远景中加入依稀可见的祭坛。刻画完成后，再一次调整整体光线（图 6-18）。

三、《拉萨》

迟铭在创作《拉萨》时，对视平线进行了一定程度的倾斜，并将功能性建筑与布达拉宫结合在一起，给人带来一种耳目一新的视觉感受。地表抬升脱离地平面，这种失衡的感受能够带给观者不一样的视觉体验。该作品的创作步骤如下：

1. 用几种不同肌理的笔刷对大致的山体轮廓和主体建筑物进行塑形，远处的雪山用贴图配合笔刷修饰完成（图 6-19）。

2. 对画面中的元素造型进行调整，用贴图配合笔触刻画细节（图 6-20）。在场景中加入极寒气候下形成的雾气，并在前景中加入岩石的剪影，以增强景观层次。然后对场景中各细节进行刻画，通过明暗关系的塑造来突出视觉中心。中景的吊装架、远景的机械臂及钢结构的传送带等工业文明元素都在画面中得到了强调（图 6-21）。

3. 利用光线刻画空间层次，让佛寺内飘扬的经幡在晨曦的微光中与舍利塔的鎏金顶交相辉映，为画面略显沉闷的色调增添了一些活力。饱和的小面积颜色使画面更加生动（图 6-22）。

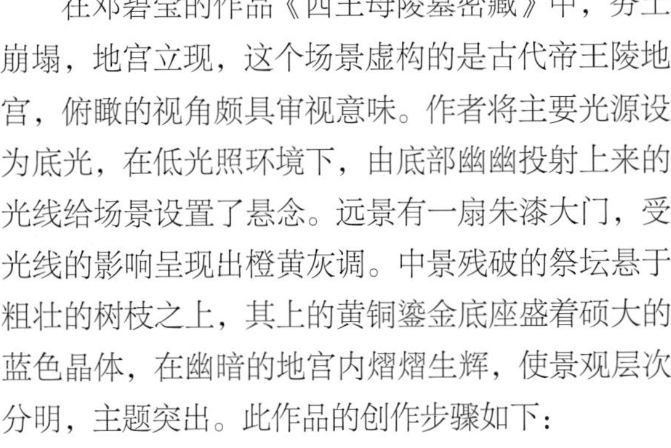

图 6-16 邓碧莹 勾勒场景轮廓

图 6-17 邓碧莹 场景上色

图 6-18 邓碧莹 深入刻画

图 6-19 塑形

图 6-20 调整造型

图 6-21 增加细节

图 6-22 刻画空间层次

四、《里约的盛会》

朗涛的作品《里约的盛会》描绘了四年一度的世界杯在巴西里约热内卢开幕的情景。作者并没有选择大全景进行表现，而是选择里约热内卢的一隅——平民房屋、胡乱搭建的电线杆、晾晒架、小卖部等充满生活气息的市民生活场景，墙上的涂鸦、漫天飞扬的彩旗和远处的礼花向我们展现了世界杯的盛况（图 6-23、图 6-24）。

起稿，确定整体框架与设计点

划分空间层次

为场景添加固有色

添加阴影

强调光影，增加立体感

刻画细节，完善设计点

图 6-23 朗诗 《里约的盛会》创作步骤

五、《隐娘》

陆启源的作品《隐娘》以历史素材和数字涵养重现历史人物与时代风貌。武侠题材是通俗文学中无法回避的类型，它体现了对平等、公正、法治等社会秩序的向往与认同，这些价值观朴素而深入人心（图6-25）。

图6-24 朗诗 最终效果

六、《西行 · 凉州》

虞浩的作品《西行 · 凉州》中的角色取材自边塞诗《凉州词二首》。诗曰：“羌笛何须怨杨柳，春风不度玉门关。”颇有喟叹之意。作者取其意境，夸张其形体，并将传统纹样运用于角色服饰上，别具一格。（图6-26）

码6-2 教学案例2

图6-25 陆启源 《隐娘》游戏概念设计

七、《机动都市阿尔法》

网易公司校企协同课程项目（尤佳玥、温世玉、冯津妲、王浙澳、刘仲轩）作品《机动都市阿尔法》。网易公司给出《狼人杀》《机动都市——巴蜀文件专题》两个项目让学生进行模拟创作，他们根据东西方不同的文化背景发挥了自己的创造力（图6-27）。

中国自古便是一个多民族融合的国家，历经漫长岁月，一些美好的神话、传说、民间故事至今仍广为流传。我们要以当代年轻人的视角去感受和创造表现，使传统题材能在虚拟的数字世界中焕发新生（图6-28）。

图6-26 虞浩 《西行 · 凉州》游戏概念设计

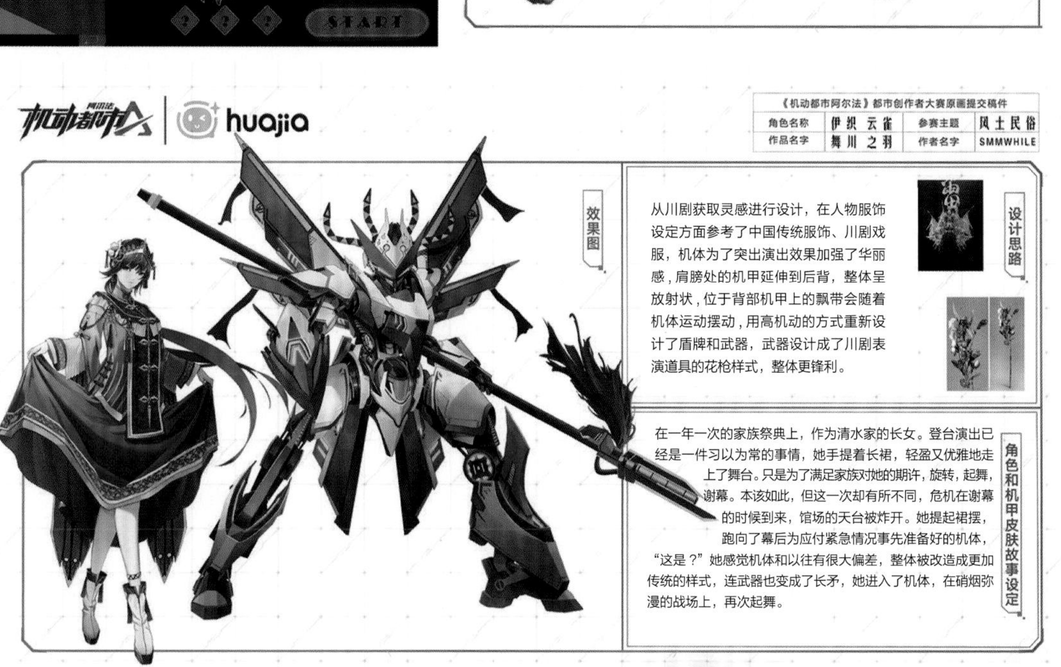

图 6-27 网易公司 校企协同课程项目作品《机动都市阿尔法》

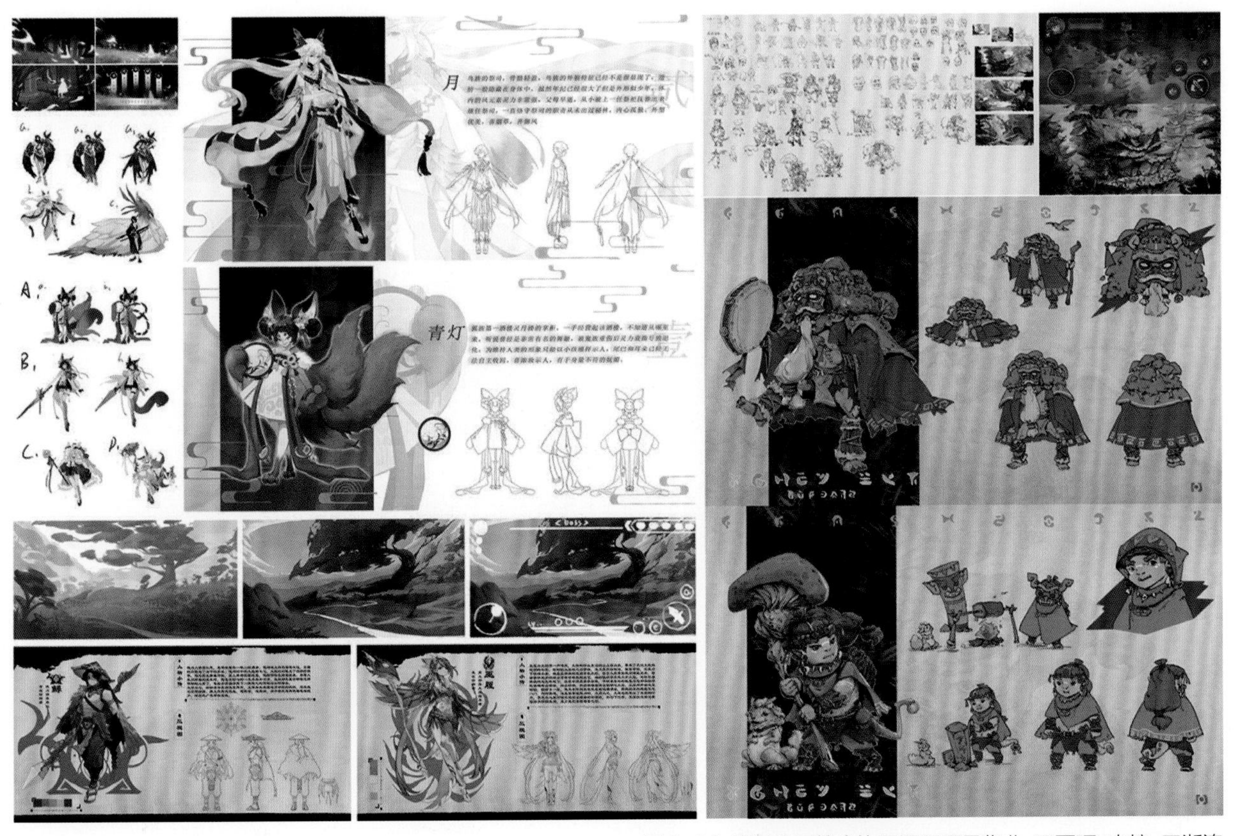

图 6-28 网易公司校企协同课程项目作业 王雨珂 李婷 王浙澳

第三节 企业作品欣赏

本节主要是对《崩坏 3》游戏概念设计实例的鉴赏与学习，学生通过欣赏过不同风格的设计图了解作品的创作思路、过程和方法。游戏概念设计是具有目的性、指向性的创作，设计师对自然与人文要素的选取和表现都须符合游戏世界观。

（作品由 miHOYO 公司授权，仅作教学资料用。）

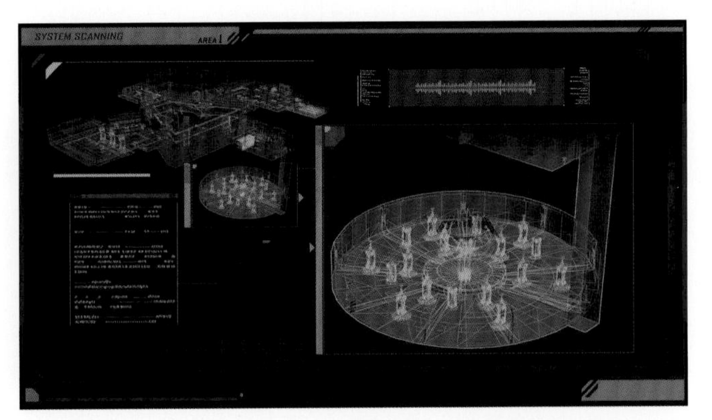

图 6-29 《崩坏 3》神城医药 CG

一、神城医药

“神城医药”在游戏中隶属于一个名为“世界蛇”的组织，其神州分部坐落于“天穹市”北部城郊，是一个大型制药工业城区。在游戏设定中，“受创始人偏好影响，工业区的建筑均带有浓郁的埃及风格”；而在光影设计上，这片场景则展现出略显压抑的神秘氛围（图 6-29、图 6-30）。

图 6-30 《崩坏 3》神城医药 游戏场景设定

二、支配剧场

支配剧场场景借鉴了歌剧院中一些常见的形制和元素，底光烘托出隐秘而紧张的氛围（图 6-31 至图 6-33）。

图 6-31 《崩坏 3》支配剧场 终末舞台

图 6-32 《崩坏 3》支配剧场 无尽阶梯

图 6-33 《崩坏 3》支配剧场 虚无回廊

三、往事乐土

在“世界蛇”祭祀场的一角，晦暗的甬道蜿蜒而出、百步九折，其终点通向一座长眠于地底的巨大设施。每一位“世界蛇”的干部都曾在这里接受洗礼，完成属于自己的蜕变。这里的场景包括“大厅”“被遗忘的都市”“黄昏落幕之森”“晦暗无光之地”“逝火的终墓”等，有些是玩法入口的初始地图，有些则是关卡的后续战斗场景，色调瑰丽而富于变化（图 6-34 至图 6-38）。

图 6-39、图 6-40 分别是往世乐土场景中的锚点和菲莉丝的商店。其中左侧锚点被放置于往世乐土大厅中，右侧锚点在副本中充当传送门。菲莉丝商店则是玩家回血、购买和升级 buff、更改配置的地方。

图 6-34 《崩坏 3》往事乐土 大厅

图 6-35 《崩坏 3》往事乐土 被遗忘的都市

图 6-36 《崩坏 3》往事乐土 黄昏落幕之森

图 6-37 《崩坏 3》往事乐土 晦暗无光之地

图 6-38 《崩坏 3》往事乐土 逝火的终墓

图 6-39 《崩坏 3》往事乐土 锚点

图 6-40 《崩坏 3》往事乐土 菲莉丝商店

四、虚数空间

虚数空间伪神教堂概念设计（图 6-41）。

图 6-41 《崩坏 3》虚数空间

五、柯洛斯滕

游戏设定为五百年前的古战场，恢宏、肃穆而神秘（图 6-42）。

图 6-42 《崩坏 3》开放世界柯洛斯滕

六、卡斯兰娜圣痕空间

图 6-43 为《崩坏 3》动画短片“阿波卡利斯如是说”概念设计。

图 6-43 《崩坏 3》卡斯兰娜圣痕空间

思考与练习

1. 思考题

（1）游戏概念设计重要吗?

（2）游戏概念设计能力的提升途径有哪些?

2. 练习题

（1）以单体建筑物表现为主进行游戏美术资源设计。作品须明确体现出角色的种族以及建筑物的功能。

（2）基于自己设定的世界观，绘制 4 张氛围图。画面必须明确体现最有代表性的文化及物质特征，如人文符号、地理条件、气候、生物种群等。

3. 命题作业及具体要求

（1）结合自己创作的独立游戏作品，绘制游戏氛围稿、场景、角色等。

（2）作业规范与制作要求：作业尺寸为 1920 像素 x1080 像素，分辨率为 150dpi，用电脑软件全彩制作。保留图层选项，完成后提交电子稿。

4. 参考书目

（1）于帆 . 游戏概念设计理念与案例解析 [M]. 北京：人民邮电出版社，2018.

（2）李永强 . 游戏场景设计专业技法解析 [M]. 北京：人民邮电出版社，2021.

（3）罗布 · 亚历山大 . 国际游戏场景设计经典教程 [M]. 赵侠，译 . 北京：中国青年出版社，2016.

参考文献

1.武洪滨.俄罗斯风景画大师[M].合肥：安徽美术出版社，2023年
2.杰弗里・奇普斯・史密斯.丢勒[M].龚颖熙，译.长沙：湖南美术出版社，2023年
3.网易互动娱乐事业群.游戏设计——筑梦之路・万物肇始[M].北京：清华大学出版社，2020年
4.网易互动娱乐事业群.美术设计——筑梦之路・妙手丹青[M].北京：清华大学出版社，2020年
5.网易互动娱乐事业群.美术画册——筑梦之路・游生绘梦[M].北京：清华大学出版社，2020年
6.乌迪斯・扎林斯，桑迪斯・康德拉兹.艺用人体结构[M].黄朝贵，译.电子工业出版社，2021年
7.邱为豪.Fantasy[M].哈尔滨：黑龙江美术出版社，2005年

后 记

游戏设计作为一个交叉学科，它涉及艺术、设计、编程等多个领域，主要培养学生的创新思维、团队协作和解决问题的能力。本书的编写不仅是对我多年教学成果的全面梳理与总结，更是对今后教学实践的一次探索。因此，本书力求将理论与实践相结合，让学生在掌握基础理论知识的同时，通过实践来提升游戏设计技能。

游戏设计随着科技的进步和玩家需求的提升不断创新与进步。因此，本书不仅介绍了传统的二维游戏美术设计方法和技巧，还探讨了新兴的游戏设计理念和技术，希望学生通过学习能够更好地适应未来的游戏设计挑战。

在数字化时代背景下，数字交互是当下人们主要的交流方式。未来，会有越来越多的人进入虚拟世界进行多元化的生活体验，同时也会有更多的人加入数字游戏的开发中。我们要研发出更多具有中华民族文化特色的游戏作品，以推动中华优秀传统文化的传播。优秀的游戏美术不仅能吸引玩家的眼球，还能为游戏的后续开发打下坚实的基础。因此，在本书中我特别强调了游戏概念设计的核心要素和技巧，希望能够帮助学生更好地掌握二维游戏美术设计的要点。

在本书的编写过程中，游戏企业项目组、专业设计师和战斗在教学一线的专业教师不断回顾自己的从业经历，试图从自己的工作与教学实践中找到最具启示性的实践案例，以期能帮助学生理解游戏二维美术工作的内容，由于它形式多样，故而书中列举了许多风格各异的案例，希望给同学们带来一些启发。

在这里，感谢上海米哈游网络科技股份有限公司的老师们，他们为本书的顺利出版提供了专业意见。希望通过本书能够将我多年来从事游戏概念设计的经验传递给广大读者，尤其是为对游戏设计充满热情与追求的同学们提供参考。由于篇幅有限，本书还存在很多不足，欢迎广大读者批评指正，期待与你们一起探讨游戏概念设计的无限可能，让我们为创造更加精彩的游戏世界共同努力。